本书受到山东省现代农业产业技术体系刺参产业技术体系"十四五"重点建设任务（SDAIT-22-09）、泰山学者工程专项经费、青岛海洋科学与技术试点国家实验室蓝色智库重点项目、国家社科重大项目"全面开放格局下区域海洋经济高质量发展路径研究"（20&ZD100）资助。

海洋科技与海洋经济融合发展研究

——以山东省为例

孙吉亭　著

海洋出版社

2021 年·北京

图书在版编目（CIP）数据

海洋科技与海洋经济融合发展研究：以山东省为例/
孙吉亭著. -- 北京：海洋出版社，2021. 11
ISBN 978-7-5210-0860-9

Ⅰ. ①海… Ⅱ. ①孙… Ⅲ. ①海洋学-关系-海洋经
济-经济发展-研究-山东 Ⅳ. ①P7

中国版本图书馆 CIP 数据核字（2021）第 243922 号

策划编辑：方　菁
责任编辑：程净净
责任印制：安　淼

海洋出版社　出版发行

http://www.oceanpress.com.cn
北京市海淀区大慧寺路 8 号　邮编：100081
鸿博昊天科技有限公司印刷
新华书店北京发行所经销
2021 年 11 月第 1 版　2021 年 11 月第 1 次印刷
开本：889mm×1194mm　1/32　印张：5
字数：100 千字　定价：58.00 元
发行部：010-62100090　邮购部：010-62100072
海洋版图书印、装错误可随时退换

前　言

　　海洋是资源的宝库、人类生存的第二疆土。21 世纪是人类综合开发利用海洋的世纪。世界各国把海洋开发利用和海洋产业发展提升到发展战略的高度。中国十分重视海洋经济的发展。海洋经济的优质发展是建设海洋强国的重要物质基础，可以解决沿海地区面临的资源环境现实问题。海洋经济不仅是衡量世界经济增长的新标准之一，也是反映国家综合实力的重要组成部分。海洋经济的发展与海洋科技的发展有紧密的联系。

　　海洋科技包括海洋科学和海洋技术。海洋科学是研究海洋中各种自然现象和过程及其变化规律的科学，包括物理海洋学、生物海洋学、海洋地质学、海洋化学等；海洋技术是指海洋开发活动中积累起来的经验、技巧和使用的设备等，包括海洋工程技术、海洋生物技术、海底矿产资源勘探技术、海水资源开发利用技术、海洋环境保护技术、海洋观测技术、海洋预报预测技术和海洋信息技术等。[①]

　　海洋经济是指开发、利用和保护海洋的各类产业活动，以及与之相关联活动的总和（GB/T 20794—2006）。为开发、利用和保护海洋资源和海洋空间而进行的生产活动，以及直接或间接为开发、利用和保护海洋资源和海洋空间

　　[①]　殷克东、王伟、冯晓波：海洋科技与海洋经济的协调发展关系研究，《海洋开发与管理》2009 第 2 期。

的相关服务活动，这样一些产业活动形成的经济集合被笼统地称为海洋经济。①

海洋科技与海洋经济融合发展具有很强的现实意义。

一是有利于加快海洋经济新旧动能转换。如何把握重大机遇实现突破发展，加快推进新旧动能转换重大工程，成为摆在我们面前的一个紧迫的课题。这需要我们上下同心进一步解放思想，破除因循守旧、墨守成规的思维定式和模式束缚。蓬勃发展的现代海洋产业展现着我国沿海地区立足高质量发展、不断释放新动能的坚定决心，充分发挥海洋科技优势，找到问题症结所在，找准解决问题的突破点和发力点。夯实海洋三次产业基础，科学合理开发利用海洋资源，打响海洋经济品牌。

二是有利于推动海洋经济高质量发展。科技是第一生产力。不掌握核心技术，就会永远受制于人。海洋科学和技术的发展对于我国提高综合国力，推动海洋产业升级换代和提高人民生活水平具有十分重要的意义。发达的海洋经济是建设海洋强国的重要支撑。在党的十九届五中全会审议通过的《中共中央关于制定国民经济和社会发展第十四个五年规划和二〇三五年远景目标的建议》中指出："坚持陆海统筹，发展海洋经济，建设海洋强国。"②"发展战略性新兴产业。加快壮大新一代信息技术、生物技术、新能

---

① 殷克东、王伟、冯晓波：海洋科技与海洋经济的协调发展关系研究，《海洋开发与管理》2009 第 2 期。

② 中共中央关于制定国民经济和社会发展第十四个五年规划和二〇三五年远景目标的建议，https：//www. ndrc. gov. cn/fggz/fgdj/zydj/202011/t20201130_ 1251646. html，最后访问日期：2021 年 6 月 10 日。

源、新材料、高端装备、新能源汽车、绿色环保以及航空航天、海洋装备等产业。"① 海洋强国建设离不开海洋高新技术的发展。根据海洋重大战略需求，加快创新平台建设，依托国家重点实验室、工程技术研究中心和骨干企业，开展核心技术、共性技术和先导性技术攻关；探索"企业出题、校所答题、联合攻关、政府服务"模式，促进并提高海洋科技成果高效就地转化率；加速构建海洋科技创新体系，打造出面向世界前沿的海洋科技高地。② 我国海洋经济高质量发展，必须要以科技创新为动力、以生态环境安全为保障、以开放合作和陆海统筹为表征、以海洋产业可持续发展为基础。

---

① 中共中央关于制定国民经济和社会发展第十四个五年规划和二〇三五年远景目标的建议，https://www.ndrc.gov.cn/fggz/fgdj/zydj/202011/t20201130_ 1251646. html，最后访问日期：2021 年 6 月 10 日。

② 孙永红：推动海洋经济高质量发展（治理者说），http://yn. people. com. cn/n2/2021/0623/c372441 - 34789088. html，最后访问日期：2021 年 7 月 1 日。

目　次

第一章 海洋科技与海洋经济相关学术研究观点

第一节 关于海洋科技贡献研究

一、不同沿海地区科技创新比较研究

刘畅、盖美、王秀琪、韦文杰采用熵值法从海洋科技创新的 3 个方面对 2015 年大连、上海和天津 3 个城市进行比较。大连市海洋科技创新人才在科研开发能力方面的文化水平远远低于上海，略高于天津；但由于天津和上海科研人员数量多于大连，科研机构人员学历构成的权重高于大连，人才文化水平优于大连。海洋科技创新研究机构的研发状况作为机构人员教育背景构成的指标，是评价研发能力的又一重要指标。数据显示，大连研发人员数量、经费收入和项目数量均远低于上海和天津。大连的上述相关数据仅为上海的 1/3 左右，差距较大。综上所述，大连海洋科技创新和研发能力在 3 个城市中最低，需要进一步提高从业人员数量和教育水平，从而提高研发能力。从海洋科技创新的技术水平来看，数据表明，大连在科技项目方面远远落后于上海和天津，其只有 517 个项目，不到上海的一半，仅为天津的 2/3。大连的科技项目主要以成果应用

1

和试验开发为主，占总数的88.39%。然而，基础研究课题仅占学科总数的6.77%，远远落后于上海。因此，大连海洋科研机构的科技发展不如上海和天津。海洋科技创新专利中，大连的专利数量远远好于天津，略逊于上海，虽然其申请专利的数量与上海相比，仅为上海的56.58%，但发明专利授权数量和拥有发明专利数量仅次于上海，远大于天津。在科研机构科技论著方面，大连比天津低，比上海好。综上所述，大连海洋科技创新技术水平处于中等水平，科技专利有待进一步发展，科研项目和论文数量有待增加。从海洋科技创新的经济水平来看，对海洋科技创新的经济水平从两个方面进行研究，其中海洋科研机构的收入占据主导地位，表明科研经费在海洋科技创新经济发展中发挥着一定的作用。其中，大连海洋科研机构经费总收入仅占上海的一半，略低于天津；再者，大连的政府投资相对较低，仅占0.87%，不到上海和天津投资的1/10。因此，大连海洋研究机构的经费总收入低于上海和天津。在海洋经济生产总产值方面，大连也落后于其他两个城市，总产值占上海的39.37%，占天津的54.06%。因此，大连海洋科技创新的经济水平落后于天津、上海。①

二、关于山东海洋强省建设存在的科技问题

姜勇、党安涛、胡建廷、王继业、曲茜、罗志全、王娴、孙高祚认为，山东作为海洋科技创新强省，在建设海

---

① 刘畅、盖美、王秀琪、韦文杰：大连市海洋科技创新对海洋经济发展的影响，《现代商贸工业》2020年第22期。

洋强省方面存在以下主要问题。

（1）迫切需要加强人才培养措施。山东是传统的海洋科技强省，科研机构和科研人员数量长期居全国前列。随着新一轮国家海洋科技创新载体建设的推进和一批重大海洋科技项目的实施，山东的科技实力明显增强，但在全国横向比较中却明显下降。随着未来国家海洋科技创新投入，将进一步调整国家海洋科技创新格局，借鉴国际科研机构建设经验，以海洋领域重大科技创新平台建设为抓手，优化激励保障机制，形成科学规范、开放包容、运行高效的人才管理体系，加大引进国内外先进技术和高层次人才，强化政策和资金支持力度。

（2）重大科技基础设施是吸引高端人才团队的重要载体，北京、上海、合肥等均有重大基础设施建设的集群，而山东省只有"蛟龙"号载人潜水器和"科学"号科考船两大科技基础设施，直接影响到引进顶尖人才和团队，也难以主导国家面向2030年的重大专项。

（3）科技转化的优势多年来一直未能有效发挥，山东海洋GDP多年位居全国第二位，海洋经济虽然规模大，但结构不合理，海洋产业集中度不高，海洋科技企业增长缓慢，海洋产业创新能力不强。海洋渔业、盐业等传统产业需要提高质量和效率，海洋生物医药、高端海洋装备制造等新兴产业需要进一步壮大，以"互联网+"为支撑的海洋科技信息服务业需要培育。

（4）海洋龙头企业技术创新的主导作用不明显，山东海洋装备、海洋精细化工、海洋渔业涌现出一批龙头骨干企业，研发实力与大企业差距较大，除海水养殖外，缺乏世界影响力的产业技术创新体系，科技进步在产业中的带动作用不大。龙头骨干企业研发、检测设备建设过于依赖资本投入，自主创新活动基本集中在单一产品的开发上，产业和区域创新的主导作用不明显。海洋相关产业企业研发实力参差不齐，许多中小企业缺乏必要的研发或试验条件。迫切需要在海洋部门建立一个专门的公共平台，用于研发和测试，以促进开放共享，降低研发成本，并促进合作创新和成果商业化。

（5）海洋科技成果转化的环境和机制有待优化。成果评估和交易等中介服务薄弱。大部分成果由海洋科研机构和海洋企业自发转让，尚未形成市场化的评价、推广和技术转让评价体系。中试、孵化条件需要改进。有些成果在实验室达到开发标准，但缺乏中试或二次开发所需的资金、场地、设备和人力等条件。优惠政策执行不力。国家和省级政府出台了一系列成果转化优惠政策，但实施力度有待加强。①

三、关于基层科技人才队伍建设存在的主要问题

郑治平、王威根据辽宁省锦州市海洋渔业经济发展和渔业科技人才队伍建设的实际情况，探讨了基层海洋渔业科技人员在科技兴渔强渔中的地位和作用，分析了锦州市渔业科技人员队伍建设的软硬环境。认为应加强科技创新、

---

① 姜勇、党安涛、胡建廷、王继业、曲茜、罗志全、王娴、孙高祚：加强海洋科技创新支撑山东海洋强省建设的战略研究，《海洋开发与管理》2019年第9期。

科研成果应用、推广服务和能力建设，促进海洋渔业健康可持续发展。现代渔业已成为一个集各种新技术、新材料、新工艺的产业。渔业的规模化、集约化、优质化、标准化和产业化发展，使渔业越来越依赖科学技术。基层海洋渔业科技人才是长期活跃在生产第一线的骨干和核心技术力量，为水产养殖企业和渔民提供科技服务，他们的专业技术水平、创新能力和服务意识直接影响着一个地区海洋渔业的发展前景。特别是目前，锦州是辽宁沿海地区"五点一线"的重要节点城市。在沿海经济区开发过程中，锦州提出了建设辽宁省第二大城市和建设中国海洋城的战略发展目标。因此，依靠海洋将成为锦州实现经济腾飞、实力提升和战略突破不可或缺的助推器。挖掘海洋潜力，促进科技创新，重视人才培养，是沿海经济区新发展应遵循的思路。面临的问题有：一是渔业科技人才队伍面临"青黄不接"。目前，锦州市拥有的高级和副高级职称渔业技术人员已接近退休年龄。近年来各级新增渔业技术人员虽然很多，但普遍学历较低，有的人员又是非渔业专业学校毕业，加之工作实践经验少，渔业科技人员的整体发展和能力建设速度趋于下降，海洋渔业人才发展的动力和后劲不够强。二是县、乡渔业科技人才短缺，基础薄弱。虽然锦州市高级和副高级职称渔业技术人员的数量不少，但大多集中在市级单位，县、乡两级的推广站、苗种站、繁育站往往缺少高级和副高级职称渔业技术人员。而年轻的渔业技术人员往往不愿毕业到县、乡一线渔业技术单位工作，使市级渔业科技单位科技人员整体实力强，而乡镇基层单位渔业科技队伍人才少、技术力量薄弱，造成各市县乡渔业技术人员配置比例不均衡的状况。三是区域海洋渔业科技人才的创新能力和活力不足。锦州市高级和副高级职称渔业技术人员大多担任领导职务，牵涉管理工作精力较多，相对投入渔业技术研发和推广的精力较少。青年技术人员在精力和动力上具有巨大的优势，但缺乏实践经验和技术积累，很难在短时间内在渔业技术研发、推广和创新方面取得突破。因此，目前锦州市科技人员的整体创新能力和活力不足，科技服务质量短期内无法实现新的突破和创新。①

四、渔业科技组织与服务问题

莫云、何龙飞、詹洁有效地分析了广西北部湾海洋渔业科技和服务模式的健康快速发展，认为存在以下 3 个方面问题。一是问题主要责任划分不明确，广西北部湾渔业科技服务组织内部机构不合理，虽然数量多、类型多，但规模小，布局不合理，机构分布分散。渔业科技服务机构任务过多，职责分散，除了技术推广外，他们还负责渔业行政执法、中介技术服务、经营创收等多项工作，这些都对该机构的主要职能有一定的影响和冲击。此外，渔业科技服务机构内部结构不合理，岗位职责不明确。例如，一些渔业科技组织内部机构重复，而一些独立的职能部门长期缺位，导致服务断层，效率低下。在某些科技服务组织内部的某些岗位实属虚设，无专人专岗履行相应的岗位职责，部分岗位出现无编无人现象；此外，一些渔业科技组

---

① 郑治平、王威：加强基层海洋渔业科技人才队伍建设努力提升科技兴海强渔质量，《基层农技推广》2013 年第 7 期。

织推广部门人手过剩，职责分散，对市场需求缺乏敏感性，对渔民的技术需求和信息反馈反应迟缓。二是渔业科技服务机构运行机制不完善，主要表现在：广西北部湾渔业科技服务组织大多属于政府，缺乏相应的中介服务组织，形成了以政府为中心，行政式推广为主的推广模式，在一定程度上抑制了推广活动，也抑制了渔户的自主经营意识，渔户只能被动地接受推广技术；渔业科技服务活动虽然引入竞争机制和激励机制，但未能产生预期效果，导致技术推广人员积极性和效率低下。此外，许多服务机构还存在政策体系不完善、制度不完善、管理不规范等问题。三是渔业科技服务资金不足，广西海洋渔业科技服务体系建设起步较晚，基础薄弱，发展不平衡，科技组织和服务工作的资金投入不足，与同广西海洋渔业发展地域条件相似的广东及其他经济发展较快的沿海省份的水产技术推广经费相比，具有较大的差距。此外，大部分县（乡）财政只用于维护推广机构的人才经费，由于财政问题，许多科技服务活动无法按计划进行，极大地制约了广西海洋渔业科技组织和服务的有效性。①

五、海洋科技成果转化研究

施湘锟认为，虽然海水养殖科技成果转化的环境不断健全和完善，但不可否认的是，大部分科技成果还处于实验室阶段，很少能转化为真正的生产力。海水养殖科技成

---

① 莫云、何龙飞、詹洁：广西北部湾海洋渔业科技组织与服务现状及发展对策，《南方农业学报》2012 年第 12 期。

果转化率低似乎是一个行业的难题。据统计，我国水产行业科技成果转化率仅为39.43%，比农业科技成果转化率低14.26个百分点。与日本、挪威等渔业发达国家70%~80%的转化率相比仍有较大差距。科技成果没有得到有效转化，既有科技成果本身的原因，也有科研机构、金融机构和海水养殖从业主体的原因。例如，一方面科研机构往往注重成果的数量，忽视成果的质量；另一方面海水养殖技术项目市场调研不够，缺乏应用研究成果，大部分成果远未大规模生产。从另一个角度看，海水养殖科技成果的研究周期长，有些成果在当代的科研人员阶段难以完成，需要几代科研人员的不懈努力才能完成，但推广应用周期时间却很短。海水养殖的一些科技成果没有得到及时推广应用就已过时。海水养殖技术综合配套性不足。由于海水养殖的自然特征，海水养殖的生产过程比较复杂，受气候、水温、环境等因素影响较大，科技成果转化过程受诸多因素的干扰。因此，必须有一套综合配套技术才能最终实现海水养殖从业主体的经济效益。目前，我国海水养殖业有许多单项科技成果，但配套综合技术明显滞后于海水养殖业的发展，不仅增加了科研机构和推广机构的成本，而且给海水养殖从业人员的主体带来了巨大的风险，阻碍了海水养殖业科技成果的转化。海水养殖的科技成果缺乏保密性，在实际转化过程中"搭便车"现象十分普遍，也没有建立完善的国内知识产权保护机制，导致研发人员在科技成果研发完成后的经济利益得不到保障，大大降低了海水养殖业的科技成果获得收入的吸引力。由于难以界定海水养殖科技成果的转化效果，现行的科技评价机制基本上没有把海水养殖科技成果的推广转化作为重要依据。①

　　步德胜在评价海洋渔业产学研合作研究时认为，关于这类合作的研究成果很少，可以从三方面加以概括。一是关于海洋渔业产学研合作现状研究。目前，相关研究尽管指出海洋渔业产学研合作存在一些问题，但分析现状不够全面。研究方法过于单一，大多是理性思维和案例分析，缺乏数据支持和定量研究，缺乏说服力和针对性。二是关于海洋渔业产学研合作模式研究。对于一个区域和产业创新体系来说，产学研合作模式经历了哪些过程，发挥什么样的组织模式和运行机制，以整合整个区域和产业的科技资源，也是值得研究和探讨的。三是关于加强产学研合作的对策研究。海洋渔业生产合作是一项复杂的系统工程，影响海洋渔业产学研绩效的因素较多，如要将竞争对手和中介机构等影响渔业企业创新的外部知识源纳入校企合作创新研究的范畴，而海洋渔业价值链上各主体应同时成为研究范围；要运用统计数据和投入产出模型，对不同地区海洋渔业的产学研合作创新效率进行评价和比较，为提高不同区域海洋渔业产学研合作创新能力提供指导。②

---

　　①　施湘锟：海水养殖业科技成果转化绩效评价研究，福建农林大学博士学位论文，2015年，第50-51页。

　　②　步德胜：海洋渔业产学研合作研究述评及展望，《中国渔业经济》2014年第1期。

第二节　关于海洋经济研究

一、关于蓝色经济与海洋经济

围绕蓝色经济和海洋经济实践中出现的多种情况，很多学者从不同角度展开了研究。

（一）关于蓝色经济评价与定位研究

徐胜、辛笑笑通过选取"21世纪海上丝绸之路"战略支点城市所在的8个省（市）为研究对象，从海陆统筹、科技创新和生态环境3个层面构建了包含21个指标的蓝色经济竞争力综合评价指标体系；运用熵值法、主成分分析法和聚类分析法对战略支点省（市）的蓝色经济发展水平进行量化分析，并根据评价结果评估这些省（市）的优劣势。结果表明，这些省（市）均具有良好的海洋资源优势和地理区位优势，但蓝色经济发展存在区域性不平衡，其中广东省蓝色经济发展水平最高，海南省蓝色经济发展水平最低。山东省海洋科研力量雄厚，但该省涉海就业人数占地区就业总人数的比例却在这几个省（市）中最低，且海洋科技成果转化效率较低，海洋科研力量并未充分转化为海洋经济优势，导致其蓝色经济综合实力排名第二。①

刘大海、刘方正、李森从衡量海洋经济总体开放水平

---

① 徐胜、辛笑笑："海上新丝路"战略支点省（市）蓝色经济竞争力评价研究，《海洋经济》2018年第2期。

的角度出发，基于"海洋经济全面开放指数"这一概念，对中国 11 个沿海省、市、自治区 2000—2016 年海洋经济全面开放指数进行了测算分析。结果表明，我国海洋经济全面对外开放呈现出"南高北低，东高西低"的空间格局。总体上，上海在海洋经济中名列第一，全面开放水平很高。广东、浙江、福建、山东位列前茅，变化不大，开放水平较高，并相对稳定。2000—2016 年海南、江苏、天津、辽宁的排名波动剧烈，开放程度不稳定。广西、河北排名相对落后，海洋经济全面开放水平较低。①

马贝、高强在分析"一带一路"建设为山东省海洋产业发展带来机遇的基础上，运用灰色关联分析法对山东省海洋主导产业定位进行研究，得出了近期的山东省海洋主导产业，即海洋渔业、海洋盐业、海洋船舶业和海洋交通运输业。②

肖雯雯运用超网络方法研究了山东省蓝色经济发展情况，从蓝色产业、蓝色企业、蓝色区域的规模和水平来看，山东省蓝色经济发展还处于初级阶段，发展水平和内部关联度还较低、薄弱和偏小。从产业来看，进入产业网络核结构和基础关联结构的数量较少，只有海洋渔业、海洋交通运输、海洋化工产业和滨海旅游四大传统海洋产业。海洋新兴产业如海洋生物制药、海洋矿业、海洋油气等的辐射范围和辐射强度较弱，蓝色产业整体呈现小和弱的特点。

---

① 刘大海、刘方正、李森：中国海洋经济全面开放水平测定与提升对策，《区域经济评论》2018 年第 5 期。

② 马贝、高强："一带一路"背景下山东省海洋主导产业定位研究，《中国渔业经济》2018 年第 1 期。

在企业中，山东蓝色企业虽然数量较多，但难以形成发展合力，通过比较企业竞争与企业合作网络，山东省蓝色企业之间竞争相对激烈，合作有待加强。青岛、烟台、日照等许多企业发展空间小，竞争激烈。在区域方面，虽然有从沿海蓝色经济活动区向内陆延伸，呈现海陆联动的趋势，但从区域网络结构看，进入基础关联结构的仍只有沿海地区和省会济南，而其他地区虽有蓝色经济活动，但对山东省经济发展的作用较小，蓝色区域具有发展不平衡的特征。①

王乃春、权锡鉴从 5 个方面介绍目前国内关于蓝色经济的研究进展，分别是①蓝色经济的内涵研究；②蓝色经济的国外发展经验研究；③蓝色经济的评价体系研究；④蓝色经济背景下区域发展研究；⑤蓝色经济融资问题研究。例如，关于蓝色经济的内涵，在研究层面存在两种看法：一是狭义的蓝色经济，即海洋经济。在这些早期理念中，并没有将环境保护和可持续发展的概念研究作为研究重点，蓝色经济只是被解释为海洋经济的一种衍生形式，主要集中于早期的蓝色经济研究和少量近期文献。二是广义的蓝色经济，它以海洋经济为主体，并包含多种经济形态，是各种经济形态的集成。它更加重视海洋的可持续发展、海洋生态、经济、社会等子系统的协调和海洋产业的延伸（从单纯的海洋经济转向海洋、临海、涉海等相关方面），以及海陆统筹一体化发展。从广义上讲，蓝色经济具有时空两个维度的含义。在时间上，它不仅强调海洋经济

---

① 肖雯雯：产业超网络建模及其应用研究——以山东省蓝色经济为例，山东大学管理学院博士学位论文，2018 年，第 151 页。

的可持续发展，还强调了海洋资源代际分配公平，在空间上强调海洋和海陆统筹经济布局的优化和整合，这是以往海洋经济发展许多理念的综合①。

刘海朋、陈东景从海洋战略性新兴产业的内涵与产业界定研究、海洋战略性新兴产业的影响因素研究、海洋战略性新兴产业培育机制研究、海洋战略性新兴产业发展的制度安排研究 4 个方面对海洋战略性新兴产业研究进行综述。他们认为，国外大部分研究成果都是从海洋新兴产业入手，并通过案例分析研究海洋新兴产业的发展状况和影响因素。中国学者已逐步对海洋战略性新兴产业进行了研究，但研究成果尚处于起步阶段。现有的研究成果主要从理论上论证了海洋战略性新兴产业的形成机制、发展问题和制度安排。这一领域的研究还存在以下不足：①注重从宏观角度进行分析，而从微观角度进行的研究较少。宏观产业培育和发展政策对沿海地区的适用性不强。多数研究从国家角度研究海洋战略性新兴产业的发展，提出政策建议，但忽视了不同地区不同的产业发展条件和发展状况。因此，理论研究与不同地区的产业发展不相符。②海洋战略性新兴产业影响因素和配套条件研究不系统、不深入。产业发展制约因素的改善和配套条件的改善是产业实现跨越式发展的关键，趋同化的研究忽视了不同领域、不同产业基础的要素配置，使关于战略性新兴产业的研究大体相似，未能显示海洋产业的独特性。③研究主要是定性分析，定量分析较少。学者们普遍采用理论研究对海洋战略性新

① 王乃春、权锡鉴：蓝色经济研究进展，《中国渔业经济》2017年第 1 期。

兴产业进行研究，产业发展的对策和建议主要以理论探讨为基础，缺乏实际数据的支持①。

刘大海、欧阳慧敏等界定了蓝色经济的内涵，构建了蓝色经济指标体系。他们测量了 2004—2014 年中国和其他 16 个沿海国家的蓝色经济指数，并从时序波动、梯次划分、洲际比较和领域分析 4 个时空视角进行了讨论。结果表明，我国蓝色经济指数上升明显。根据蓝色经济指数，可将各国分为 3 个梯次，英国、韩国、美国和中国位居第一梯次。欧洲其他国家、东亚其他国家和北美其他国家的蓝色经济指数较高，而东南亚、南亚和南美洲的蓝色经济指数较低。发展蓝色经济，旨在追求发达的海洋经济、通达的海洋社会、开放的海洋政治和先进的海洋科学技术，各国在不同领域有不同的表现②。

（二）关于蓝色经济结构转型研究

姚骏达认为山东省不同沿海地区的海洋渔业发展中，渔业养殖结构仍面临许多亟待解决的问题。首先，在海水养殖方面，山东省大多数沿海地区海水养殖业发展十分缓慢，海水养殖产量仅小幅增长，部分城市甚至出现负增长。不同地区水产养殖生产差距较大，甚至出现海岸线长、海洋资源丰富的地区水产养殖产量低于其他地区。其次，在

---

① 刘海朋、陈东景：海洋战略性新兴产业研究进展综述，《海洋经济》2017 年第 2 期。

② 刘大海、欧阳慧敏、李森、李晓璇、安晨星：全球蓝色经济指数构建研究——以 G20 沿海国家为例，《经济问题探索》2017 年第 6 期。

海洋捕捞方面，一些城市对海洋捕捞产量控制仍然不足，捕捞量增长过快，海洋资源开发强度过大，近海资源过度利用，深海捕捞能力过剩等问题没有得到妥善解决。①

苏诗雨认为，青岛西海岸新区蓝色经济转型升级压力大。虽然港口有大量的进出境货物，但由于缺乏国际贸易交易平台和为港口业务提供服务的高端物流，大部分交易都是在区外完成的。港口货物贸易对税收贡献不大，港口的优势远未充分发挥。虽然滨海旅游已初具规模，但主要是以观光为主的产品，旅游产品种类繁多，深度开发不足，能留住游客消费的拳头旅游产品寥寥无几。由于海洋科技成果转化渠道的缺乏，难以发展具有真正科技含量的新兴海洋产业，大大降低了高新技术成果的转化率，极大地阻碍了目前具有良好发展前景的项目产业化进程。②

王健、李彬、张永波等综合评价山东省海洋产业结构水平。结果表明：①山东省海洋产业结构主要呈现二、三、一产业的基本特征，海洋产业结构相对稳定。2006—2014年海洋产业结构变化幅度较小，未出现明显调整。②通过对 2006—2014 年山东省海洋产业结构分析，得出海洋产业结构对海洋产业发展表现出一定的适应性，海洋产业结构调整促进了海洋产业发展，但总体效果不明显，海洋产业结构合理化水平尚不明显。③在海洋产业结构升级方面，山东省海洋产业结构升级滞后，与沿海发达地区相比存在

①　姚骏达：浅析山东省海洋渔业的捕捞——养殖结构，《当代经济》2018 年第 20 期。

②　苏诗雨：青岛西海岸海洋经济发展现状，《中小企业管理与科技》2018 年第 6 期。

一定差距。海洋产业结构的升级需要改进。④山东省海洋产业结构综合水平没有明显优势，与先进地区存在差距，制约了海洋产业结构的优化升级。山东省海洋产业结构对海洋产业发展的促进作用相对有限，产业结构优化升级滞后已成为影响海洋产业发展的重要因素。①

王波、韩立民以我国沿海 11 省、市、自治区作为研究区，探讨海洋产业结构变化对海洋经济增长的影响，了解到我国海洋经济增长方式由海洋劳动、海洋资本带动向海洋劳动和海洋科技驱动转变。海洋科技创新对海洋经济发展的影响越来越大。①海洋产业结构的变化导致海洋资本、海洋劳动力和海洋科技投入对海洋经济增长方式的改变，呈现出阶段性特征。②海洋产业结构变化对海洋经济增长的直接影响具有显著性差异。海洋产业结构的变化，带动了海洋经济增长方式由海洋劳动力和海洋资本驱动向海洋劳动和海洋科技驱动转变，促进了海洋劳动力供给由单纯体力劳动向脑力劳动转变，逐步优化和提升了劳动力供给模式。同时，还促进了海洋资本投资结构从传统的海洋固定资产投资向海洋科技和海洋人力资本投资的转变，海洋科技成为主要动力。然而，先进的海洋产业结构与要素配置的不和谐，阻碍了海洋经济的可持续有效发展。②

王健、李彬、王佳迪预测分析了"十三五"期间

---

① 王健、李彬、张永波、赵喜喜、徐科凤、姜勇、杨俊杰：山东省海洋产业结构水平综合评价研究，《海洋开发与管理》2017 年第 12 期。

② 王波、韩立民：中国海洋产业结构变动对海洋经济增长的影响——基于沿海 11 省市的面板门槛效应回归分析，《资源科学》2017 年第 6 期。

（2016—2020 年）山东省海洋产业结构。研究结果表明，在当前海洋经济发展模式下，山东省海洋产业结构海洋二、三产业比重增长将放缓，海洋第一产业比重持续下降。但是，这并没有导致山东省海洋产业结构明显变化。如果现有海洋经济发展方式不改变，"十三五"期间山东省海洋产业结构总体水平与发达地区还存在较大差距。因此，必须积极引导和促进山东省海洋产业结构调整。建议山东省从科技投入改革、平台建设、人才队伍建设、知识产权保护、政策体系建设、科技服务业培育等方面，通过科技创新促进海洋产业结构升级和调整。①

韩立民、陶婷研究了山东省海洋产业结构，2008—2013 年山东省海洋产业结构按二、三、一产业排序，产业结构相对稳定。第二产业比重略高于第三产业，第三产业比重变化不大。2013 年，第三产业比重为 45.20%，第二产业比重为 47.40%，第一产业比重为 7.40%，表明山东省海洋产业结构不协调。较高水平的海洋三次产业结构没实现。②

苟露峰、高强认为 2001—2013 年，山东省海洋产业结构朝着先进方向发展，海洋产业发展正处于由"二、三、一"产业向"三、二、一"后工业化阶段的过渡阶段。海洋第一产业产值比重呈波动下降趋势。山东省海洋第一产业比重与全国的差距正在缩小，从 2002 年的 35.14% 下降

---

① 王健、李彬、王佳迪：山东省海洋产业结构预测分析，《中国渔业经济》2017 年第 1 期。

② 韩立民、陶婷：山东省海洋经济可持续发展现状与对策，《中国海洋经济》2016 年第 2 期。

到 2013 年的 2.0%。山东省海洋第二产业发展呈现波动上升的大趋势，2006 年大幅增长，表明我国海洋产业结构正逐步从海洋资源的直接利用向海洋资源的加工利用转变，海洋产业结构向更高层次发展。山东省海洋第三产业呈现稳步增长态势，总体比重保持在 44% 左右。①

王芳、王刚、刘冲、纪灵研究了长岛县海洋产业结构，认为捕捞和水产养殖在海水养殖中仍占主导地位，产值分别占 14% 和 55.7%。海水养殖加工业仅占 9%，海水养殖业发展缺乏后劲。同时，海洋渔业的市场主体主要是小企业。在海洋运输业的发展中，物流和商贸发展空间小，港口功能单一，港口产业延伸狭窄。在海洋旅游发展中，旅游资源开发深度不够，特色旅游度假产业发展速度不快，难以体现长岛旅游资源的综合优势。②

段志霞、王淼认为，山东半岛蓝色经济区体现了海陆统筹的战略思维，规划范围内有海洋和陆地，包括海洋产业、海洋相关产业、临海产业和陆地产业。山东半岛蓝色经济区在陆海统筹战略思维下的联动发展包括产业与其他地区和国家的联系与整合、主区域内产业的联动、主区域与联动区域的协调。③

---

① 苟露峰、高强：山东省海洋产业结构演进过程与机理探究，《山东财经大学学报》2016 年第 6 期。

② 王芳、王刚、刘冲、纪灵：长岛县海洋产业结构优化研究，《海洋开发与管理》2016 年第 3 期。

③ 段志霞、王淼：山东半岛蓝色经济区海陆产业联动发展研究，《中国海洋大学学报（社会科学版）》2016 年第 4 期。

（三）关于蓝色经济区海洋主导产业和优势产业选择研究

王银霞选取海洋旅游业、海洋交通运输业、滨海旅游业、海洋渔业、海洋能源业、海洋矿产业、海洋盐业、船舶与海洋工业、海洋化学与化工产业、海洋生物战略性新兴产业、海洋工程建设业、海洋电力与能源发展业十二大海洋产业作为海洋支柱产业的备选产业，依据区域主导产业选择的理论和原则，得出山东半岛的主导产业为海洋渔业、沿海旅游发展业、海洋生物新兴战略产业和海洋船运货运业四大产业。①

孟菲运用区位熵分析方法，选取了在山东海洋经济中占据地位较重的海洋渔业、海洋化工、海洋生物医药、海洋交通运输、滨海旅游、海洋油气业以及海洋工程建筑7个海洋产业进行分析，得出山东海洋产业中传统产业的海洋渔业、海洋化工，新兴产业的海洋生物医药具有明显的比较优势；海洋渔业和滨海旅游是山东海洋经济发展中的主导产业；尽管传统产业中海洋油气业的区位熵较其他产业低，不具备比较优势，但可将其作为海洋产业未来发展的重点，加以培养，以期待其成为制高点。②

段志霞研究了青岛市的支柱产业问题，得出青岛市海洋经济行业门类较为齐全，拥有29个行业大类中的27个行

① 王银霞：山东半岛蓝色经济区海洋产业发展战略研究，《商》2015年第13期。

② 孟菲：山东海洋产业发展分析，《经济研究导刊》2015年第9期。

业（海洋油气业和海洋矿业暂缺），其中，滨海旅游业、海洋交通运输业、海洋设备制造业和涉海产品及材料制造业为青岛市海洋经济的四大支柱产业。①

于谨凯、李姗姗以山东半岛蓝色经济区为例，在经济领域切入，从产业的中观角度分析，运用 WT 模型对海洋产业进行优势排序，主要选取了山东半岛蓝色经济区的 8 个海洋产业，即海洋渔业、海洋油气业、海洋矿业、海洋盐业、海洋船舶业、海洋化工业、海洋交通运输业和滨海旅游业。根据各指标 WT 值得出综合排序结果，山东半岛蓝色经济区海洋优势产业排名依次为：海洋盐业、滨海旅游业、海洋交通运输业、海洋化工业、海洋矿业、海洋船舶业、海洋渔业、海洋油气业。②

（四）关于蓝色经济主要产业发展研究

1. 海洋渔业研究

臧延云分析了我国 11 个沿海省、市、自治区海洋渔业的发展，从海洋渔业增加值、海洋捕捞产量、海水养殖面积和产量、机动渔船数量、海产品加工数量 5 个方面进行了分析。结果表明，山东省海洋渔业综合竞争力明显比其他沿海地区高。浙江、福建分别位于第二、第三位。③

---

① 段志霞：蓝色经济区战略下青岛海陆产业联动发展研究，《港口经济》2015 年第 10 期。

② 于谨凯、李姗姗：产业链视角下山东半岛蓝色经济区海陆统筹研究，《海洋经济》2015 年第 4 期。

③ 臧延云：山东省海洋渔业产业综合竞争力分析，《烟台大学专业学位硕士论文》，2017 年。

　　李成林、胡炜认为山东省是我国刺参的重要原产地和第一养殖大省，产区主要分布在威海、烟台、青岛、东营等地。2015 年，山东省刺参约占全国总养殖面积的 39.7%，约占全国总产量的 48.9%，用仅占全省海水养殖 2.02%的产量创造了约 20%的产值。在品牌营销方面，山东刺参产业的健康发展受到品牌分散、定位模糊、销售渠道和网络分散、缺乏龙头企业和知名品牌的严重影响。2013 年，山东省渔业协会等政府相关部门开始加大力度打造"胶东刺参"区域公共品牌，在全省龙头企业中积极反思品牌战略，着手构建营销体系，推出"威海刺参""黄河口海参"等地域特色品牌。并提出推广生态型高效增养殖新模式，扩大产品营销宣介，完善产业发展动态信息平台等对策。①

　　王田田、柯可研究了烟台海洋牧场建设，认为海洋牧场建设的主要经验是创新发展模式，打造烟台现代海洋牧场样板。一是创新"海工+牧场"联动模式。以中集来福士为代表的公司率先建设了中国首个半潜式、自升式海洋牧场多功能管理平台、深远海离岸智能化坐底式网箱和管桩大围网装备，突破了关键技术瓶颈，为深海拓展提供了有力支撑。2019 年，烟台市已建成 11 个海洋牧场平台；二是创新"陆海接力"兼容模式。以明波水产品为代表，发展陆上工厂化养殖循环水与深水网箱养殖融合，有效解决了北方地区无法越冬的问题，成功实施了"南鱼北育、南鱼北养"，成为全国最大的名贵鱼陆海接力养殖基地，循环水产养殖水体达 $300 \times 10^4 \ m^2$，年产值约 12 亿元；三是创新了

---

　　①　李成林、胡炜：我国刺参产业发展状况、趋势与对策建议，《中国海洋经济》2017 年第 1 期。

"大渔带小渔"的共享模式。以蓝色海洋为代表，以渔民专业合作社和龙头企业为依托，实现了海域使用权的转让，有效整合了 16 万亩①连片海域，建成了山东省最大的"贝类、藻类、海参"立体生态场。②

尤锋、王丽娟、刘梦侠认为增殖放流可以显著增加放流海域生物量，效果十分显著。一是增殖和放流有效地补充了我国近海海域严重减少的重要渔业资源。二是通过放流的宣传普及，增强了渔业环境保护意识，有效提升了全社会的海洋生物资源保护意识。三是还可以起到减排的作用，放流水产动物主要通过滤食水中的浮游生物，起到碳汇的作用。但是增殖放流也存在一定的风险。③

黄昶生、张雨利用区位熵理论研究了山东半岛海洋渔业布局优化的理论问题，认为海产品加工业、海水养殖业和海洋捕捞业是山东半岛蓝色经济区海洋渔业的主导产业，但山东半岛蓝色经济区主导产业各市发展不平衡。海水养殖业和海产品加工业在青岛具有优势，近年来休闲渔业优势明显。东营海水养殖业优势最大，其他行业相对薄弱。威海渔业特别是海产品加工业和海水养殖业专业化明显，相比其他产业更具竞争优势，而休闲渔业的竞争优势有待提高。日照市海洋渔业在渔业产业结构上也有明显的竞争优势，海洋捕捞业和海产品加工业发展较好，休闲渔业和

---

①　亩为非法定计量单位，1 亩 = 1/15 hm²。

②　王田田、柯可：山东烟台海洋牧场建设之路，《中国水产》2019 年第 5 期，第 46-49 页。

③　尤锋、王丽娟、刘梦侠：中国海洋生物增殖放流现状与建议，《中国海洋经济》2017 年第 1 期。

水产苗种业的竞争优势相对较弱。烟台除了休闲渔业优势相对薄弱外，水产苗种业和海产品加工业竞争优势最为突出，具有较强的竞争优势，海洋渔业和海水养殖业处于中等竞争力地位。潍坊市的竞争优势比较明显的仅是传统海洋捕捞业，其他产业相对薄弱，特别是水产养殖苗业应加强发展。滨州市海水养殖业和水产苗种业专业化程度较高，竞争力较强，其他产业相对薄弱。①

刘伟岩、高强、金炜博认为，2006 年以来，山东省海洋渔业现代化发展水平已进入初级阶段。2009 年和 2010 年的指数低于以往，表明现代渔业的要求与海洋渔业基础设施、科技水平、资源环境等生产条件之间仍存在较大差距。2011—2012 年，该指数显著上升，接近实现海洋渔业现代化阶段。2013 年，虽然海洋渔业可持续发展概念的推广提高了发展水平，但由于经济投资不足，该指数有所下降。②

2014 年 12 月 31 日《山东省人民政府办公厅关于推进"海上粮仓"建设的实施意见》正式出台，这是统筹粮食安全与建设现代渔业的需要。因此，围绕这一战略学者也开展了研究。孙吉亭、管筱牧、王燕岭提出了"海上粮仓"的概念模型，认为"海上粮仓"包含种"粮"、产"粮"和存"粮"3 个功能，是以可利用海洋生物资源为劳动对象，以海域和近岸滩涂为主要作业场所，通过资源保护与增殖养殖实现种"粮"于海，通过海洋捕捞业及海产品加

---

① 黄昶生、张雨：山东半岛蓝色经济区海洋渔业布局优化研究，《甘肃科学学报》2016 年第 5 期。

② 刘伟岩、高强、金炜博：山东省海洋渔业现代化发展水平测度及影响因素分析，《海洋开发与管理》2016 年第 7 期。

工业实现产"粮"于海，通过海洋渔业物流业以及海产品贸易实现存"粮"于海。①

孙吉亭提出开展针对"海上粮仓"建设的海洋文化研究，要不断挖掘总结设计出适合"海上粮仓"建设的海洋文化创意。在休闲渔业方面，将渔业与文化"混搭"，在渔家乐、农家乐的基础上，突出特色，强化服务，并延伸服务内涵，让休闲渔业不仅是一个旅游观光项目，而且将成为人们日常生活的一个组成部分。②

孟庆武则认为我国渔业产业结构中，第一产业比重过大，产业结构层次低。水产品加工业以食品加工为主，对低值鱼虾的综合利用程度低，缺少高附加值的海洋药物开发利用。③

2. 海洋休闲渔业研究

孙吉亭、王燕岭以澳大利亚休闲渔业发展中出现的问题与管理制度入手，深入剖析了澳大利亚发展休闲渔业的内在驱动力，论述了澳大利亚休闲渔业的管理特点：一是澳大利亚联邦政府注重对休闲渔业的宏观领导；二是注重制定并实施休闲渔业的法律法规。④

---

① 孙吉亭、管筱牧、王燕岭：基于借鉴日本经验的我国"海上粮仓"建设研究，《东岳论丛》2015 年第 4 期。

② 孙吉亭：海洋文化促进"海上粮仓"建设的机制与对策——以山东省为例，《中共青岛市委党校青岛行政学院学报》2015 年第 5 期。

③ 孟庆武：中国渔业内部产业结构演进分析及调整对策，《东岳论丛》2015 年第 5 期。

④ 孙吉亭、王燕岭：澳大利亚休闲渔业政策与管理制度及其对我国的启示，《太平洋学报》2017 年第 9 期。

3. 海洋旅游业研究

姜玉鹏、纪培玲、李明、高玉玲研究了青岛市旅游形象建设问题,认为存在危机公关和舆情管理认识不足,政府涉旅相关部门的协同沟通能力与旅游业发展层次有待提高等问题。在供给侧改革大背景下,青岛旅游形象建设主要包括如下内容:通过深入挖掘自身文化底蕴,丰富城市文化生活,塑造和提升自身特色品牌,形成青岛独特的城市旅游形象,将单纯的浅层次旅游提升为滨海旅游和名城文化旅游,从旅游供给方面满足游客多层次、个性化的旅游需求。服务改善的目标,狭义的包括旅游从业人员,广义的则包括全体青岛市民。改善这些一线员工的服务态度,有助于更好地满足游客的需求及心理期望。作为青岛市民,他们也应该有当家作主的精神,结合山东人"诚实、正义、豪放"的鲜明特色,呼应"好客山东"的旅游主题,树立青岛旅游新形象。青岛旅游形象的提升事关每个市民的文明素质。培养具有良好素质的青岛市民是打造青岛旅游形象的关键。[1]

张永波、辛峻峰、王继业研究了山东省游艇产业的发展,认为存在着水域开放等政策欠缺、游艇奢侈税较高、拓展海外市场能力不足、消费意识不强、内需市场较小等问题,提出发挥企业市场主体作用,做好游艇产业布局,注重科技引领,实施创新驱动产业升级,引导游艇旅游文

---

[1]　姜玉鹏、纪培玲、李明、高玉玲:供给侧改革背景下青岛旅游形象建设研究,《中国海洋经济》2017年第1期。

化发展，打造复合结构游艇市场等对策。①

刘娟、刘磊研究了青岛黄岛旅游景区停车场的规划问题，针对黄岛景区停车场平日停车供大于求，到了"五一""十一"等节假日旅游高峰，现有的路外停车位又远不能满足需求的问题，提出一方面要建设公共交通开往景区，加强宣传引导，减少景区停车需求，并且提高停车收费；另一方面根据各景区的实际和发展需要，适当增加停车位，特别是旅游巴士的停车位供应。②

李卫民、成坤运用问卷调查的研究方法，对山东半岛蓝色经济区民族传统体育产业消费的现状进行了调查，认为①居民传统体育消费的主要目的是增强居民的体质和娱乐性；其次是满足审美需要；最后是缓解自身的内心压力。②电视、互联网和亲朋好友之间的交流对促进民族传统体育消费影响很大，但广告、图书、期刊宣传较弱。有一定比例的人从未获得过传统的民族体育消费信息。③山东半岛蓝色经济区民族传统体育竞赛表演市场较小。④主要锻炼场所为公共体育场所和工作场所，很少人到收费的运动场所锻炼。⑤大多数人认为在旅游景点开展民族传统体育活动，有利于民族传统体育的发展和民族传统体育产业的发展。⑥在旅游景点的传统民族体育中，民间体育类项目和武术类项目较受欢迎。⑦实物性民族传统体育消费比重大于传统民族体育服务消费比重，这与本地区居民经济状

① 张永波、辛峻峰、王继业：山东省游艇产业发展策略研究，《海洋开发与管理》2016 年第 3 期。

② 刘娟、刘磊：青岛黄岛旅游景区停车场完善的系统规划，《城乡建设》2016 年第 4 期。

况有关。①

高洪云、张言庆、谭晓楠通过问卷调查法对青岛市居民的邮轮旅游认知与消费意愿情况进行调查，发现大多数青岛市居民对邮轮旅游的认知处于较浅层次，青岛市居民最中意的是 6~8 天的航期，被调查者选择最多的是欧洲航线。"邮轮旅游价格太高"和"闲暇时间少"是阻碍青岛市居民参加邮轮旅游的两个主要因素。②

李淑娟、周珊认为，青岛、潍坊、日照、威海、烟台等城市在投资规模和高技术利用能力方面可以满足当前旅游资源市场的需求，不应通过扩大规模来提高效率，而应采取措施开拓新的旅游市场，开发新的旅游产品。东营、滨州旅游发展的规模效益有待提高，对他们来说，扩大规模是提高旅游发展效率的主要选择。③

孙海燕、孙峰华等运用生态位理论，对山东半岛蓝色经济区 7 个城市的旅游业竞争力进行定量评价，并结合聚类分析法和核心边缘理论，将 7 个城市旅游业竞争力的综合生态位划分为 3 种类型，一是将青岛定为核心城市，实行生态位扩张策略；二是以烟台、潍坊为节点城市，实施生态位扩张策略，继续扩大其在 3 个维度上的生态位，要加强三地之间的区域融合，协同发展；三是以威海、日照、

---

① 李卫民、成坤：山东半岛蓝色经济区民族传统体育产业消费现状与发展策略研究，《中华武术·研究》2016 年第 2 期。

② 高洪云、张言庆、谭晓楠：青岛市居民邮轮旅游认知及消费意愿研究，《青岛职业技术学院学报》2016 年第 1 期。

③ 李淑娟、周珊：滨海城市旅游发展效率时空分异与驱动因素研究——以山东半岛蓝色经济区为例，《中国海洋大学学报（社会科学版）》2015 年第 4 期。

东营、滨州为网络城市，主要采取特色策略，辅之生态位扩张、协同、错位竞争策略，充分挖掘、创新各地市的文化资源，因地制宜，细分旅游市场需求中符合本地的那一类，做精做强。① 王苧萱则认为山东省沿海 7 个城市的海洋旅游业存在发展不平衡的问题，总体上可分为 3 个层次，烟台、青岛为第一层次；威海、潍坊、日照为第二层次；东营、滨州为第三层次。②

魏有广、王健认为，青岛市会展旅游业应该突出蓝色经济特色，打造国际高端会展旅游品牌，创新开发系列会展旅游产品，塑造"会展旅游名城、蓝色经济之都"的城市新形象。③

刘佳、李晨认为，山东半岛沿海旅游产品大多只提供旅游观光，旅游产品结构相对单一。海上和海底旅游资源、远岸岛屿和远洋旅游尚未充分开发，旅游者没有充分参与活动，产品创新不足。游轮、游艇、海洋科研等特色旅游产品发展滞后，缺乏有吸引力的大型海洋旅游项目和旅游产品。④

景菲菲、徐佳认为，山东省海洋文化景观保护力度不够，破坏严重。海洋文化景观的品牌度不高，宣传力度不

---

① 孙海燕、孙峰华、吴雪飞、刘金建、冯媛媛：基于生态位理论的山东半岛蓝色经济区旅游业竞争力，《经济地理》2015 年第 5 期。

② 王苧萱：区域海洋旅游竞争力提升研究——以山东省为例，《东岳论丛》2015 年第 4 期。

③ 魏有广、王健：蓝色经济区建设中青岛会展旅游业跨越式发展，《对外经贸实务》2015 年第 2 期。

④ 刘佳、李晨：山东半岛蓝色经济区滨海旅游业发展与转型路径，《青岛科技大学学报（社会科学版）》2015 年第 2 期。

够，应当先保护、后开发。①

4. 港口与物流经济研究

巴晶研究表明，烟台港已发展铁路、公路、管道、水路等运输通道，它们可以与国内外的港口连接。陆路与航线覆盖山东，连接东北亚和华东、华北地区。然而，由于内陆腹地有限，烟台港的发展也具有相应的劣势。由于城市经济仍以加工制造业为主，城市经济的创新能力相对缺乏，主要是被动接受产业转移。烟台市近年来产业转型明显改善，经济增长方式发生重大变化，但总体滞后于全国，以劳动密集型产业为主，高新技术产业明显低于环渤海经济区的大连、青岛。因此，烟台港的主营业务仍以传统制造业和能源矿石产业为主，高新技术产业的缺乏将制约烟台港未来的发展。传统装卸和库存业务发展达到瓶颈后，缺乏后续增长和发展方向。②

任肖嫦、王圣利用 BCC 模型对我国蓝色经济区和主要集装箱港口的总体特点进行了比较分析，发现蓝色经济区港口在纯技术效率和规模效益方面具有一定优势，但主要集中在技术优势上。与我国发达地区相比，蓝色经济区的竞争优势并不十分明显，不能提供充足的商品供应。蓝色经济区有许多港口，分布密集。港口腹地重合现象明显，港口之间竞争过度。因此，港口之间的合作基础薄弱，在信息共享和资源整合方面缺乏动力。蓝色经济区供应链数

---

① 景菲菲、徐佳：海洋文化景观的城市地位及发展策略探究——以山东海洋文化景观为例，《牡丹江大学学报》2015 年第 6 期。

② 巴晶：烟台港现状及在蓝色经济区建设中的战略措施，《经贸实践》2017 年第 1 期。

量少，主要以国内航线和近洋航线为主，削弱了由整合带来的物流便利性，也限制了资源整合带来的增值。①

山东半岛蓝色经济区具有明显的区位优势，是我国对外贸易和港口物流发展的重要窗口，物流业的研究一直处于热点地位。在 TOPSIS 算法和混合规划模型的基础上，王荣对蓝色经济区各城市的物流节点选择进行了实证分析，结果表明，青岛和潍坊是物流节点选择的最佳城市。在供应方面，青岛的物流节点主要供应青岛、烟台、威海、日照。潍坊物流节点由潍坊、东营、滨州提供供给。由此可见，两个物流节点的战略定位是：青岛物流节点是一个综合性的物流节点，它需要满足区域内工农业的物流需求，同时承担大量的外部物流服务；潍坊物流节点是外部物流节点，其主要作用是承担区域内工农业的外部物流服务。②

柳栋梁、王慧通过选择青岛、烟台、威海为调研地进行实地调研和问卷调查，得出青岛在人才培养方面做得好，烟台的物流业发展得较为成熟，威海政府在硬件设施建设和优良品质传承方面做得较好的结论。③

5. 产业集聚和集群研究

产业集聚是产业发展的必然形式和重要路径，并进一步发展成为产业集群，所以学者围绕蓝色经济区海洋产业

---

① 任肖嫦、王圣：蓝色经济区港口供应链整合的经济影响分析，《东岳论丛》2016 年第 1 期。

② 王荣：山东半岛蓝色经济区物流节点规划分析——基于产业结构需求多样性角度，《物流工程与管理》2015 年第 11 期。

③ 柳栋梁、王慧：山东半岛蓝色经济区物流企业营商环境调查研究——基于青烟威城市的实地调查，《中国商论》2015 年 Z1 期。

集聚和集群展开了多项研究。

彭伟认为，滨州临港产业集群具有得天独厚的区位优势，土地及水域资源丰富，经济腹地支撑优势明显，初步具备临港产业基础等优势；同时也存在着生态及环保形势严峻，重要基建工作相对落后，核心竞争力偏弱等劣势。①

刘弈运用区位熵数法测度了蓝色经济区海洋产业集聚度，认为总体而言，蓝色经济区海洋产业集聚程度明显高于山东省层面的海洋产业集聚度。从山东省来看，海洋第一产业集聚度高，具有一定的竞争优势，但海洋二、三产业集聚程度低，没有竞争优势。从蓝色经济区层面看，海洋第一产业在蓝色经济区具有较高的集聚度，也显示出蓝色经济区经济的带动和辐射效应，使海洋第一产业在整个山东省具有一定的集聚性。海洋第三产业发展迅速，初具规模。综上所述，蓝色经济区三大海洋产业已形成一定程度的集聚，蓝色经济区经济的带动和辐射效应使海洋产业不仅成为蓝色经济区，而且成为整个山东省具有竞争力的产业。②

刘龙海、戴吉亮认为海洋产业集群存在一定问题。山东半岛蓝色经济区海洋产业集群少，科技含量低。山东半岛蓝色经济区产业集群主要集中在纺织服装、食品加工、电子家电、建材、新材料等传统产业，产业集群程度低、技术含量低、产业升级和可持续发展潜力不足。海洋产业

---

①　彭伟：滨州临港产业集群发展的 SWOT 分析，《港口经济》2017 年第 1 期。

②　刘弈：山东半岛蓝色经济区海洋产业集聚与生态环境耦合研究，山东师范大学硕士学位论文，2015 年。

是技术密集型、人才密集型、资本密集型产业，其发展需要科技支撑。面对许多专业化产业集群，现有的产业集群难以满足其日益增长的需求：海洋第一产业如现代水产养殖业、渔业增殖业、现代远洋产业、滨海特色农业等产业，与之相对应的优势主干学科偏少，同时由于学科间竞争协作不足，使得不论在学科专业化、还是在学科集群化服务中，该学科集群都难以满足产业集群发展的需要。①

6. 沿海地区海洋产业

周喆研究得出，①青岛对山东半岛蓝色经济区其他 6 个沿海城市的辐射程度反映出青岛对山东半岛蓝色经济区有一定影响，但未能突出区域经济中心城市的地位，对其他城市的辐射有待提高。②青岛经济对其他城市的辐射程度与辐射城市的经济发展竞争力成反比。辐射水平低的城市，如烟台、潍坊等，其城市经济发展程度较高。③辐射水平不一定与城市之间的距离有关。例如，滨州距离青岛最远，但辐射水平最高。周喆还提出了以"国家级财富管理金融改革试验区"为契机，迫切需要加快提高金融市场发展水平，并着力改善金融环境等措施。②

滕向丽提出了烟台海洋产业发展对策，即优化区域布局，建设"一核四区"的海洋经济格局。一是全面实施《山东省海洋功能区划》，科学确立海域、海岛、海岸带的功能，重点是确保滨海旅游、现代渔业、临港产业、海洋

---

① 刘龙海、戴吉亮：蓝色经济区产业集群与学科集群协同创新平台构建研究，《理论学刊》2015 年第 4 期。

② 周喆：青岛对山东半岛蓝色经济区的辐射力研究，《山西科技》2017 年第 2 期。

新兴产业等重点产业的海洋利用；二是增加节能减排、海洋生态环保、防灾减灾、边远海岛基础设施建设等海洋公益事业项目的专项资金和预算内投资；三是对海水综合利用、海洋新能源开发、海洋工程装备制造、深海资源勘探开发、海洋药物与生物制品研发、海水养殖、远洋渔业等领域，从各种产业基金和财政专项资金中拨出一定的资金，用于产业技术改造、重大项目创新平台建设和重大项目引进等。①

姜勇、魏星考察了山东半岛"21世纪海上丝绸之路"的支点城市建设，认为青岛、烟台、威海具有良好的集散功能、转口功能和信息服务功能，具有良好的经济基础、明显的海洋科技优势和较强的辐射能力。他们建议，采取海洋科技创新能力，发展海洋科技服务，加强国内区域合作，制定海洋支点城市发展总体规划等措施，把海洋产业建设成为以半岛为依托、带动全国、辐射东北亚的具有世界影响力的海洋产业核心区。②

7. 海洋牧场存在的问题研究

王田田、柯可认为烟台海洋牧场建设正处于转型升级的关键时期，发展仍存在许多新的困难和问题，需要进一步研究解决，主要在以下方面。一是对海洋牧场建设的基础研究仍然很薄弱。海洋牧场的建设涉及多个学科，专业研究团队和研发平台的实力薄弱。大多数海洋牧场研究机

---

① 滕向丽：烟台市海洋产业发展存在的问题及对策，《现代交际》2017年第18期。

② 姜勇、魏星：山东半岛海上丝绸之路支点城市建设研究，《海洋开发与管理》2017年第1期。

构集中在中央和省里的各部门，而地方研究机构很少开展海洋牧场研究，直接为海洋牧场建设单位提供的科学技术支持不足。基于环境能力的海洋牧场建设评价体系尚未建立，人工鱼礁构造、藻场构建、深远海养殖技术等基础研究滞后。除了一些海洋牧场设计涉及恢复海草床和海藻床外，大部分多着眼于养殖具有高经济价值的水产品，如海参和鲍鱼。一些牧场为了追求眼前利益，盲目地投入大量礁体，造成了一系列的负面影响。二是海洋牧场的装备和信息水平还不高。离岸深远海养殖的发展离不开大型设备和现代信息支持，相关设备研发难度大、制造成本高、投资风险也高。三是海洋牧场的开发经营模式单一。海洋牧场建设与旅游、体育、文化等行业结合不紧密，单兵作战比较常见。80%的海洋牧场只依靠销售海洋牧场的初级产品，不涉及加工物流产业链，产品附加值不高。四是海洋牧场建设的政策措施尚不完善，如海域使用、海上平台审批、海钓船管理等，难以适应海洋牧场快速发展的实际需要，也缺乏融资机制、保险赔款等有效的风险防控机制。由于土地和规划指标的限制，游艇码头等陆域设施难以配套，尤其是在城市里尤为突出。作为文化旅游产业和海洋渔业综合发展的典范，各级对休闲渔业发展的支持力度不强。[1]

王田田、柯可认为海洋牧场建设应完善保障体系，为发展创造良好的政策环境。[1]要把政策支持作为发展海洋牧场的重要保障，建立高效、一体化的"政策包"。将海洋

---

① 王田田、柯可：山东烟台海洋牧场建设之路，《中国水产》，2019年第5期，第46-49页。

牧场建设作为双招双引的重点领域之一,同时,提供相关的审批服务。充分利用各类海洋渔业项目的资金,引导更多要素和资源投资海洋牧场。②信息、装备改造是建设海洋牧场、创建海洋牧场的重要支撑,要建设"智慧牧场"。从生态礁、观测网、"四个一"到海上多功能平台、深水智能网箱,有序推进信息、设备建设,构建海洋综合管理大数据平台。③把安全作为海洋牧场发展的生命线,建设"平安牧场"。将海洋牧场企业纳入信用体系建设,实现山东省物联网最大覆盖面。继续加强对海洋牧场平台的管理、海钓基地认定、海钓船审批等关键环节的执法监督,确保渔业安全生产。①

(五)关于海洋园区建设研究

在山东半岛蓝色经济区内,又建有许多国家级的开发区,也是学者们研究的重点。

许玉洁、朱禾认为西海岸经济新区建设应该建立稳定的财政投入增长机制,设立专项基金。税收方面要建立税收优惠政策。引进高科技人才,提升新区人才层次等。②

(六)关于蓝色经济发展中的海洋生态文明建设研究

1. 关于海洋生态文明建设整体评价

王泉斌分析了蓝色经济区生态文明建设取得的成绩,

---

① 王田田、柯可:山东烟台海洋牧场建设之路,《中国水产》,2019年第5期,第46-49页。

② 许玉洁、朱禾:青岛西海岸经济新区建设的路径分析,《科技经济导刊》2016年第14期。

例如，山东威海、日照以及长岛等都被评为国家级"海洋生态文明建设示范区"，在山东省内也确立了一批省级的海洋生态文明示范区，划定了渤海海洋生态红线等。①

刘涛运用主成分分析方法研究认为，山东半岛蓝色经济区经济、社会、环境三大子体系的生态建设水平不断提高。从经济子系统、社会子系统和自然环境子系统综合评分比较，自然环境子系统综合得分最低，表明尽管山东半岛蓝色经济区经济社会生态建设水平不断提高，但是自然环境生态建设发展速度相对缓慢。②

吴朋、董会忠、张峰通过构建山东半岛蓝色经济区生态安全预警指标体系，对2003—2013年山东半岛蓝色经济区生态安全水平进行评价，认为该区生态安全从"较差"状态向"一般"状态、继而向"良好"状态转变，生态水平不断提高，有效控制了生态质量的恶化。但总体来看，该地区生态安全水平较低，仍处于"安全"状态以下。研究成果基本符合实际情况。通过分析2016年山东半岛蓝色经济区生态安全预警结果可以看出，2016年山东半岛蓝色经济区生态安全处于"无警"状态，同时有向"轻警"状态退化趋势。水资源短缺、大气环境和水环境指数偏高、工业"三废"排放较大以及能耗高是制约山东半岛蓝色经济区生态安全改善的主要因素。③

① 王泉斌：山东半岛蓝色经济区海洋生态文明建设现状与对策研究，《中国海洋大学学报（社会科学版）》2016年第1期。
② 刘涛：蓝色经济区城市生态建设的综合评价，《东岳论丛》2016年第1期。
③ 吴朋、董会忠、张峰：基于熵权物元可拓模型的山东半岛蓝色经济区生态安全预警，《科技管理研究》2016年第15期。

隋鹏飞、徐成龙、任建兰以山东半岛蓝色经济区为研究对象，采用 PSR 模型构建生态安全预警指标体系，采用熵权法研究山东半岛蓝色经济区生态安全预警的时空格局。从时间层面看，2013 年山东半岛蓝色经济区生态安全预警水平与 2005 年基本持平或升级，表明 2005—2013 年该地区生态环境初步得到改善。然而，从 2013 年生态安全预警的总体来看，山东半岛蓝色经济区并未出现 V 级理想状态，生态安全不容乐观。从空间格局看，到 2013 年，山东半岛蓝色经济区生态环境"东优西劣"，特别是西北的无棣、沾化，西南的日照应值得持续关注。①

2. 关于海洋生态文明建设存在的问题

丁文章认为随着海域价值逐年上升和发展速度的加快，当前海洋生态文明建设形势十分严峻。一是思想认识不到位。一些领导干部认为海域使用比环境保护更重要，重点是监管海域是否违法使用。对未批先建、非法占用、擅自改变海域用途等违法使用监管力度较大，但对海洋生态文明建设的监管力度不大。二是宣传工作不到位。海洋生态保护的宣传不够好，导致沿海居民在海洋生态保护中缺乏自觉性和主动性。三是执法不力。在整治违法企业和打击违法企业方面，由于部门之间缺乏联动与合作，执法行动得不到应有的效果。由于海洋执法部门没有强制执行权，一些破坏生态环境的违法行为难以执法。②

---

①　隋鹏飞、徐成龙、任建兰：山东半岛蓝色经济区生态安全预警时空格局研究，《科技管理研究》2016 年第 3 期。

②　丁文章：立足实际多措并举 建设海洋生态文明，《中国海洋报》2018 年 8 月 23 日第 2 版。

王俊、何海霞、陈凯、刘妍、张英、柯宏伟、蔡明刚根据《山东省统计年鉴》，得出 2009—2014 年山东省环保投资稳定在 100 亿元以上。2014 年，山东省环保投资 166 亿元，环境与生态保护资金仅占当年全省 GDP 的 2.7%，海洋生态可持续发展能力建设缺乏足够的资金支持。研究还表明，山东半岛的社会经济压力正在加大。山东半岛常年遭受自然灾害，造成的经济损失直接影响到公众对环境的满意度。①

吴梵、高强、刘韬研究得出山东半岛蓝色经济区海洋环境污染比较严重。山东半岛蓝色经济区近海水质低于一类海水水质标准的面积明显提高。山东半岛蓝色经济区近岸海域在现阶段已出现明显的营养盐污染。认为应该采取创建绿色企业文化，提高企业技术创新能力，供应链模式绿色化等措施。②

祝艳分析了烟台蓝色经济发展中生态建设面临的问题，认为随着生态资源消耗大、生态系统负担加重，生态建设难度加大：一些政府部门在蓝色经济区实践中追求单一的 GDP 增长，缺乏外部监督和评价，缺乏整体的生态规划和具体实施方法。对于蓝色经济区的生态保护，尤其是海洋环境保护，涉及部门众多，没能实施统一有效的协调合作机制；由于传统的资源开发利用方式仍未根本转变，消耗

① 王俊、何海霞、陈凯、刘妍、张英、柯宏伟、蔡明刚：基于 DPSIR 模型的山东半岛蓝色经济区海洋生态可持续发展能力综合评价，《海洋科学》2017 年第 7 期。

② 吴梵、高强、刘韬：供给侧结构性改革下海洋环境污染治理新思路——以山东半岛蓝色经济区为例，《生态经济》2017 年第 8 期。

大量生态资源，导致蓝色生态环境的承载能力非常脆弱。①

吕振波剖析了山东半岛蓝色经济区生态文明建设的困境，认为存在粗放型经济增长方式路径依赖困境、生态环境保护和经济发展之间的矛盾困境、"合作共赢"和"地方本位主义"之间的冲突困境等问题。②

张舒平对山东半岛蓝色经济区海洋环境整体性监管进行了研究，认为海洋环境监管体制整合不足、陆海统筹协同推进机制以及职能配置碎片化是当前山东半岛蓝色经济区海洋环境监管体制存在的重要问题，环境保护联动机制运行效果较差，海洋环境联合监管队伍联动较弱。③

杨振娇、齐圣群认为，海洋环境污染原因主要有以下3个方面。①陆地废水排放污染。②石油污染。山东海上运输居全国前列，海上石油污染事件频发。③近海发展水产养殖业，其废水排放造成海水大量污染及近岸海水富营养化严重，从而导致赤潮和养殖病害流行。④

王萍认为，盲目地围海造地，导致海域纳潮面积不断减小、污染严重。⑤

---

①　祝艳：论生态建设与烟台蓝色经济发展，《现代交际》2016年第2期。

②　吕振波：生态文明建设的区域实现路径与模式探究——以山东半岛蓝色经济区为例，《北方经济》2016年第12期。

③　张舒平：山东半岛蓝色经济区海洋环境整体性监管的问题与对策，《中国行政管理》2016年第11期。

④　杨振娇、齐圣群：山东半岛蓝色经济区海洋生态安全政策体系研究，《中国海洋社会学研究》2015年。

⑤　王萍：我国海湾城市可持续发展问题研究，《东岳论丛》2015年第8期。

尚玉洁认为，伴随经济持续快速发展，我国海上石油开采活动日益频繁，同时，海洋溢油事故风险升高，船舶溢油污染事故时有发生。①

3. 关于海洋生态文明建设中经济与资源环境协调发展问题

樊荣、孙希华通过耦合协调度模型分析了山东半岛蓝色经济区经济-资源环境体系的耦合与协调，得出以下结论。一是山东半岛蓝色经济区的经济-资源环境体系具有很强的耦合性和协调性。从时间系列演进特征来看，2011—2016 年，山东半岛蓝色经济区属于高层次耦合阶段，耦合度呈现小幅下降趋势。耦合协调程度属于较高层次的耦合协调阶段，呈明显的上升趋势，表明山东半岛蓝色经济区高度重视产业结构的转型创新。在发展经济的同时，要注重资源环境的保护，大力发展蓝色循环经济，实现可持续发展。二是从空间差异来看，6 个城市耦合程度虽然具有较高的耦合效应，但东部沿海地区耦合值高于北部，耦合协调度呈现以青岛为中心的群体分布。因此，在山东半岛蓝色经济区未来的发展中，要充分发挥青岛的辐射和带动作用，调整产业结构，充分发挥各地区的优势，实现经济区的绿色发展。②

4. 海洋文化的生态学走向

王莕萱认为，首先，山东省海洋文化具有多元化、多

---

① 尚玉洁：山东半岛蓝色经济区的渔业法律体系构建研究，《现代妇女：理论前沿》2015 年第 1 期。

② 樊荣、孙希华：区域经济与资源环境耦合协调度研究——以山东半岛蓝色经济区为例，《中国环境管理干部学院学报》2018 年第 6 期。

样化的特点。海洋文化生态学发展的第一大趋势是保持和保护海洋生态的多样性和多方面性，突出区域特色，探索适合区域发展的海洋文化模式。其次，山东的海洋文化以创新和进步为特征。海洋文化生态学的第二大趋势是进一步发挥创新的巨大作用，实现科技驱动的经济、社会、生态的有效融合。再次，山东的海洋文化具有开放性和沟通性的特点。海洋文化生态学的第三大趋势是从开放和交流的角度为海洋发展营造良好的氛围，与国外建立多层面、多层次的合作关系。[①]

5. 关于渔业资源的研究

杨振娇、齐圣群认为，近海水产的过度捕捞导致近海渔业资源严重衰退。[②] 刘弈认为，山东半岛蓝色经济区生态环境综合评价在逐年提高，其与海洋产业集聚系统的耦合协调关系在不断优化。但从蓝色经济区环境污染情况来看，没有经过处理或不达标的废水、废气、废渣等三废的排放量一直呈现上升趋势。[③]

王涛则认为，海洋生态系统有着很强的生态稳定性。而且，与陆地上的食物链相比，海洋食物链具有更多环节，从而具有更高的稳定性。[④]

[①] 王苙萱：山东海洋文化发展的生态学走向，《生态经济》2016年第 7 期。

[②] 杨振娇、齐圣群：山东半岛蓝色经济区海洋生态安全政策体系研究，《中国海洋社会学研究》2015 年。

[③] 刘弈：山东半岛蓝色经济区海洋产业集聚与生态环境耦合研究，山东师范大学硕士学位论文，2015 年 5 月。

[④] 王涛：论山东半岛蓝色经济区建设，《中国资源综合利用》2015 年第 6 期。

6. 关于新环保法实施后如何加强海洋环境保护的研究

第十二届全国人大常委会第八次会议审议通过了《中华人民共和国环境保护法（修订草案）》，自 2015 年 1 月 1 日起施行。新环保法被称作史上最严的环保法律。

王佳红、刘希燕认为，加大排污处罚力度将会减少排海污染物，随着新环保法的实施，山东近海生态环境也会得到保护和恢复。①

7. 关于完善山东半岛蓝色经济区海洋生态安全政策体系的对策研究

杨振娇、齐圣群对山东半岛蓝色经济区海洋生态安全政策体系开展了研究，认为应采取建立海陆生态环境统筹整治制度，引导鼓励多种经济成分参与海洋生态环境建设，加大对海洋生态建设的财政投入等对策。②

（七）关于海洋文化产业发展研究

1. 海洋文化产业对海洋经济的作用

多数专家认为，海洋文化产业对海洋经济发展具有促进作用。

孙吉亭认为，海洋文化产业的发展在海洋经济新旧动能转换中的作用是为海洋经济的发展提供了无形和有形、软实力和硬基础等几个互补的海洋经济发展支撑力。海洋

---

① 王佳红、刘希燕：基于新环保法的山东近海生态环境保护对策研究，《海洋开发与管理》2015 年第 1 期。

② 杨振娇、齐圣群：山东半岛蓝色经济区海洋生态安全政策体系研究，《中国海洋社会学研究》2015 年。

文化产业作为海洋产业的"新兴业态"，以海洋文化为底蕴和精髓，既体现了中国创新、协调、绿色、开放、共享的发展理念，又充分体现了生态文明建设的内涵和"四海一家、协和万邦、天下大同"的和平政治理念，不断用中国"海洋文化语言"向世界讲述"中国故事"，以继承、弘扬和强化中国海洋价值观为使命，在推动中国海洋产业发展中发挥软实力作用，为海洋经济新动力的转型和海洋强国建设提供思想保证、精神力量和道德滋养。①

梁永贤认为，海洋文化和海洋文化产业是相互促进、共同成长的，海洋文化产业发展的源动力来自海洋文化，海洋文化又依靠海洋文化产业的方式实现自身的升华，海洋文化产业与海洋文化相依相存，实现了共同发展，以及自身价值的实现。②

2. 海洋文化遗产的保护

王苧萱认为，海洋非物质文化遗产是人类海洋历史文明的长期积淀，同时也为未来人类海洋文明的发展奠定了重要基础。为此应做好以下工作：①在沿海地区对海洋非物质文化遗产进行系统档案保护；②对沿海各地的海洋非物质文化遗产进行社区化保护；③发挥政府力量进一步加强宣传教育，提供财政支持；④对海洋非物质文化遗产的

---

① 孙吉亭：发展海洋文化产业推动海洋经济新旧动能转换的路径选择，《中国文化论衡》2018年第2期。

② 梁永贤：山东省海洋文化产业发展对策研究，《中国海洋经济》2018年第2期。

传承人给予各种支持。①

李伟认为将海洋文化遗产纳入海洋保护区体系，总体思路是利用海洋保护区相对完善的管理制度架构，针对海洋文化遗产保护的特殊性，将海洋文化遗产作为海洋自然资源的"等同物"，并建立可量化的分析评价体系，将之纳入基于生态系统的海洋管理体系中，发挥海洋保护区的海洋文化遗产保护功能。②

3. 海洋文化产业分类

王苧萱认为，随着海洋文化产业的发展，今后有必要将其作为一个独立的产业类别进行整体核算。海洋文化产业的主要范围包括五大类：一是以海洋文化为主要产品内容和产品创意的文化产业；二是以海洋文化为主要产品载体、材料、媒介的文化产品产业；三是以海洋相关社会为创作主体的文化产品产业；四是以海洋相关社会为主要消费主体的文化产品产业；五是以海岸、海岛、海上、海底空间为主体的文化产业活动和生存空间。③

4. 海洋文化产业消费

李会勋、周静认为，山东半岛蓝色经济区文化产业产值已占文化产业产值的一半以上，但也存在一些问题：文化产业结构失衡，产业化优势不明显，文化产业投资困境。

---

① 王苧萱：中国海洋非物质文化遗产的当代适应与未来走向，《中国海洋经济》2018年第1期。

② 李伟：将海洋文化遗产保护纳入海洋保护区体系的思考，《中国海洋经济》2018年第1期。

③ 王苧萱：中国海洋文化产业统计体系的设计与应用，《中国海洋经济》2017年第1期。

在文化产业区域立法方面，对体现区域特色的产业立法缺乏重视，导致区域立法和文化特征相脱节。海洋文化资源的开发与消费尚未形成良好的互动。并分析其产生的原因：普遍收入水平不高，文化消费能力低，文化消费主观性感受和心理满足较差，蓝色经济文化产业从业人员素质和水平良莠不齐，城乡公共服务一体化和均等化水平低，间接制约了蓝色经济区文化产业的发展。①

徐文玉、马树华认为，中国居民在海洋文化中的消费潜力还远未充分释放，海洋文化产业市场仍存在巨大的消费缺口。从目前海洋文化产业的发展来看，海洋国庆会展业、海洋博览业、海洋咨询业、海洋演艺产业等消费型海洋文化产业增长缓慢，海洋工艺产品产业、海洋传媒产业、海洋体育竞技产业等发展型海洋文化产业发展迅速。海洋旅游、海洋休闲渔业等享受型海洋文化产业发展最快，发展潜力最大。②

5. 海洋文化产业发展

刘迎迎、陈德春、郑聪聪、牟秀菊认为，阳光海岸是集中体现日照海洋文化和水运文化的区域，但较其他沿海城市来说，存在着涉海休闲体育业、涉海庆典会展业等文化产业单一化、缺乏资金和产业不具创新性等一些不足

---

① 李会勋、周静：山东半岛蓝色经济区文化产业发展趋势研究，《山东科技大学学报（社会科学版）》2017年第4期。

② 徐文玉、马树华：中国海洋文化产业供给侧结构性改革探析，《中国海洋经济》2017年第1期。

之处。①

（八）关于蓝色经济发展人才研究

黄金阳在对青岛市海洋新兴产业发展的 SWOT 分析中的劣势分析中认为，青岛虽然拥有一支庞大的海洋人才队伍，但人才质量不高，人才结构不合理，缺乏海洋人才的培养模式。除了海洋生物学领域外，海洋工程设备等领域也缺乏高端科研人才。在山东省，全省共有 45 名院士，仅比其他省份一所大学多几位。例如江苏省，仅南京大学就有 32 名院士。青岛市有 19 名涉海院士，约占全省院士的 40%，平均年龄 77.6 岁，大多超过了科研创新的黄金时代。②

赵承伟分析总结了山东半岛蓝色经济区技能型人才培养的研究现状，认为山东半岛蓝色经济区建设与发展的一个重要环节是技能型人才的培养。目前，山东半岛蓝色经济区技能型人才培养研究较少。其中大部分是对"蓝色经济区"高校人才培养状况、人才资源和专业人才状况的论述和探讨。③

---

① 刘迎迎、陈德春、郑聪聪、牟秀菊：日照海洋文化与海洋文化产业现状及思考，《海洋信息》2017 年第 4 期。

② 黄金阳：青岛市海洋新兴产业未来发展路径研究，《中国战略新兴产业》2018 年第 44 期。

③ 赵承伟：半岛蓝色经济区技能型人才培养模式研究现状，《中国管理信息化》2018 年第 19 期。

二、黄河三角洲高效生态经济区主要学术研究

黄河三角洲土地资源丰富，海域辽阔，经济发展潜力巨大。因此，学者也从资源生态环境保护与产业发展的角度进行了研究。

（一）关于生态评价的研究

田静、李甲亮、田家怡在对黄河三角洲高效生态经济区现有的 11 个自然保护区、3 个生态功能区科学考察的基础上，采用自然保护区生态评价方法与评价标准，综合评价了该生态经济区 9 个自然保护区的生态质量现状，提出了自然保护区的优化调整思路和措施，以及拟建的 7 处饮用水源地保护区、17 处河流水源保护区、7 处野生动植物保护区的自然保护区名录，提出制定《山东省自然保护区管理条例》，推进开放式管理等建议。①

田静、李甲亮、田家怡从黄河三角洲高效生态经济区自然保护区的角度对其进行了评价。从有效管理水平上讲，黄河三角洲国家级自然保护区为较好；滨州贝壳堤岛与湿地自然保护区、莱州大基山自然保护区和马谷山地质遗迹自然保护区为一般；谭杨林场自然保护区为较差；沾化海岸湿地自然保护区、潍坊市莱州湾自然保护区、莱州湾湿地自然保护区、引黄济青渠首鸟类自然保护区、马庄流域自然保护区、大口河浅海滩涂养殖自然保护区均为差。可

---

① 田静、李甲亮、田家怡：黄河三角洲高效生态经济区自然保护区生态评价与优化调整，《滨州学院学报》2017 年第 2 期。

见，从该生态经济区自然保护区的有效管理水平来看，总体水平相对较低，国家级优于省级，而省级又优于市、县两级。①

张淑敏、张宝雷认为，垦利、惠民、莱州、河口、阳信5个县（市、区）属于黄河三角洲高效生态经济区生态经济体系的最佳水平；庆云、广饶、利津、乐陵、滨城5个县（市、区）生态经济体系良好；邹平、东营、昌邑、寿光、高青5个县（市、区）属于生态经济体系中等；博兴、无棣、寒亭、沾化4个县（市、区）的生态经济系统状况属于差等级。②

王立东、苏春利、谭志容、王成明认为，黄河三角洲地区水资源缺乏，人均水资源量都为严重缺水或极度缺水。③

李念春、袁辉运用数学模型进行生态环境脆弱性评价，指出西北沿海地区湿地资源广泛，受土壤盐渍化严重影响，土地产出率低，进一步刺激了土地过度开发。此外，黄河三角洲未开发土地开发规划的实施也将对区域生态环境产生一定影响，南部地区特别是远离海岸线地区的生态环境脆弱性较高。④

---

① 田静、李甲亮、田家怡：黄河三角洲高效生态经济区自然保护区现状评价，《滨州学院学报》2016年第6期。

② 张淑敏、张宝雷：黄河三角洲高效生态经济区生态经济综合评价，《经济与管理评论》2016年第4期。

③ 王立东、苏春利、谭志容、王成明：黄河三角洲地质资源环境承载力评价，《山东国土资源》2015年第3期。

④ 李念春、袁辉：黄河三角洲高效生态经济区生态环境脆弱性评价研究，《山东国土资源》2015年第10期。

赵小萱对现代黄河三角洲湿地根据评价等级提出了不同补偿方案，利津县处于轻度退化阶段，补偿建议是完善相应法律制度；东营区属于中度退化阶段，主要采用经济生态补偿措施；河口区和垦利区处于重度退化阶段，采用工程生态补偿措施。①

（二）关于环境承载力的研究

田刚元、王秀海认为，滨州市海洋生态承载能力在2012年呈现稳步发展态势，滨州市在大力推进海洋生态文明建设后，投入专项资金用于内河流域"放鱼养水"工程和近岸"增殖放流"工程，大大修复了海洋渔业生态环境，积极实施海域使用权"直通车"制度，科学利用和保护海域等海洋综合治理进入新常态，加强海洋生态保护和海洋监察执法宣传，提高公众海洋生态承载能力意识。这些措施有效地促进了海洋经济生态承载能力的稳步提高。但一方面，缺少淡水、海水入侵和土壤盐渍化严重等自然原因和历史原因，导致海洋承载能力相对脆弱；另一方面，近海海域水质较低，水域富营养化程度加剧，海洋捕捞形势严峻，应清醒地认识到海洋生态环境污染的压力问题和海洋经济增长的压力问题依然严峻。②

程钰、任建兰、侯纯光、任梅认为，黄河三角洲高效生态经济区的区域发展强度呈现出中部和东翼高强度、西

---

① 赵小萱：黄河三角洲湿地退化与生态补偿研究，山东师范大学硕士学位论文，2015年6月。

② 田刚元、王秀海：生态承载力视角下黄河三角洲海洋经济发展研究，《湖州师范学院学报》2018年第9期。

翼低强度的空间格局，资源环境承载能力基本呈现由东翼向西翼下降的空间格局。黄河三角洲高效生态经济区目前呈现开发不足型、均衡型、过度开发型区域并存的空间格局，其中东翼为均衡区，中西翼为过度开发区，西翼北区发展区域不足，更表明虽然黄河三角洲高效生态开发强度较低，但与此同时，局部地区也面临着较为严重的资源环境压力，过度开发型区域国土面积较大，人地矛盾较为突出等问题。[①]

（三）关于产业发展研究

1. 农业发展研究

赵丽萍、姚志刚采用专家咨询法和频度统计法，构建了黄河三角洲高效生态经济区现代农业发展水平指标体系。一级指标是农业基础设施建设和物质装备水平指标、农业科技和农业劳动者素质指标、农业组织和信息化水平指标、农业综合生产水平和经济效益指标、农业社会效益和生态效益指标。建议加快黄河三角洲高效生态经济区现代农业的进程。例如，在农业现代化进程中，要从东营广饶县、滨州邹平市和博兴县、潍坊寿光市等经济发达地区入手，逐步向北部沿海地区挺进。为加快黄河三角洲高效生态经济区现代农业的发展，必须采取加强农业基础设施建设、扩大土地管理规模、实现农业产业化经营、依靠科技进步

---

① 程钰、任建兰、侯纯光、任梅：沿海生态地区空间均衡内涵界定与状态评估——以黄河三角洲高效生态经济区为例，《地理科学》2017年第1期。

加快城镇化步伐、提高农民素质等措施。在农业现代化进程中，必须重视保护生态环境，实现农业可持续发展。①

　　王兆华认为"蓝黄"经济区建设有利于资源要素向农业集聚，为山东省进一步调整农业产业结构、有效保障食物安全提供了有利条件；有利于提高山东省农业综合发展水平，全面提高山东省农业的综合竞争力；有利于促进山东省农业资源的高效利用和农业生态环境的进一步改善，实现农业经济效益和生态效益的双提升。②

2. 旅游开发研究

　　梁敬升、李红认为，黄河三角洲具有丰富的生态旅游资源，包括自然保护区、海洋保护区、水源涵养区、生态林地、重要湿地、黄河及境内主要水系等，黄河三角洲生态旅游业资源开发中涉及众多的利益相关者，如何激励不同的利益相关者参与到生态旅游资源开发的事业中，取决于生态旅游投资企业的生态观念、收益预期和投资风险的评估等因素。通过建立黄河三角洲生态旅游资源开发的协作博弈模型，对政府与企业在生态旅游资源开发中的作用和利益进行均衡博弈分析，形成了政府主导型的政企协作生态旅游开发模式。提出了政府放松管制、政企分开管理、引导生态消费观念、建立健全生态旅游资源开发的保障机

---

① 赵丽萍、姚志刚：黄河三角洲高效生态经济区现代农业评价指标体系的研究，《黑龙江农业科学》2016 年第 5 期。
② 王兆华：浅议"蓝黄"经济区建设对山东省现代农业发展的驱动作用，《经济研究导刊》2015 年第 13 期。

制和激励机制等优化开发的策略建议。①

3. 生产性服务业研究

徐静认为，东营市作为黄河三角洲高效生态经济区的重要区域，现代物流行业近几年快速发展，但也存在着发展理念落后、信息化水平低、专业人才匮乏等问题。要推动现代物流业发展，必须要通过政府和企业的共同努力。②

蔺栋花、侯效敏选择了黄河三角洲高效生态经济区内两个完整的行政区划——东营和滨州两市 1990—2012 年的相关数据进行高端生产性服务业问题分析，通过高端生产性服务业各行业对经济增长贡献的实证研究，得出交通运输和仓储业对经济增长有重要影响；批发和零售销售对增长的贡献略小于运输和仓储；科研和综合技术服务对经济增长的贡献最大，表明科研服务和科技成果的有效转化对加快黄河三角洲高效生态经济区建设、高效生态经济增长模式建立发挥了重要作用。目前，东营和滨州两市信息传输、计算机服务和软件产业的发展对经济增长贡献不足，因此，应进一步发展信息产业、计算机服务和软件外包等产业，促进经济发展水平的提高。此外，金融部门的发展对经济增长没有积极贡献。近年来，两市教育投资和高等教育发展尚未发挥促进经济增长的作用。③

---

① 梁敬升、李红：基于协作博弈的生态旅游投资开发模式研究——以黄河三角洲为例，《胜利油田党校学报》2016 年第 6 期。
② 徐静：黄河三角洲高效生态经济区现代物流业发展研究——以山东省东营市为例，《襄阳职业技术学院学报》2018 年第 2 期。
③ 蔺栋花、侯效敏：黄河三角洲高效生态经济区发展高端生产性服务业问题研究，《生态经济》2016 年第 12 期。

4. 工业发展研究

张在旭、高利涛认为黄河三角洲地区各地区产业集群同质同构，区域内产业规划缺乏协调，而且产业集群集聚度不高，处于产业链低端层次。①

任建兰、徐成龙、陈延斌、张晓青、程钰从产业政策、能源政策以及技术促进政策三方面提出具体对策建议：①注重工业内部结构调整。淘汰那些产能落后的行业，大力推进高端装备制造业、新能源产业等的发展。②实现能源结构多元化。降低石油、煤炭等所占能源比重，重点发展新能源。③推动低碳技术快速发展。②

5. 港口物流产业研究

李金华、刘敏、王蒙、李波提出利用电子商务发展农产品物流的建议，主要是营造良好的市场环境，强化交易主体的电子商务物流意识，构建第三方电子商务平台。③

谢芹认为，黄河三角洲地区物流产业集群的发展应采取政府主动建设的模式，即政府根据黄河三角洲地区经济发展的需要，顺应物流市场的发展趋势，积极规划产业集群，整合分散的物流资源。此外，重点发展油盐化工物流集群、农副产品物流产业集群、装备制造业物流集群和商贸

---

① 张在旭、高利涛：黄河三角洲地区产业集群结构优化升级研究，《河南科学》2015 年第 1 期。

② 任建兰、徐成龙、陈延斌、张晓青、程钰：黄河三角洲高效生态经济区工业结构调整与碳减排对策研究，《中国人口·资源与环境》2015 年第 4 期。

③ 李金华、刘敏、王蒙、李波：电子商务环境下黄河三角洲高效生态经济区农产品物流发展对策，《物流技术》2015 年第 5 期。

物流集群，不断打造品牌优势，形成黄河三角洲地区核心物流产业集群。①

李超提出了黄河三角洲地区港口布局方案，即东营港为主要港口，滨州港为重要港口，潍坊港和莱州港为一般港口。②

（四）关于生态文化的研究

李红认为，黄河三角洲高效生态经济区生态经济建设的灵魂是建立生态导向的企业文化。调查中发现，作为支柱型产业的大中型企业都有自己的企业文化，并且近几年明确地提出了转型发展和环保的理念。一些规模较大的企业，虽然提出了完善的生态文化理念，但是执行过程中管理还不到位。还有一些企业，特别是中小企业和小微企业，没有自己的企业文化，也没有生态意识。③

（五）黄河三角洲高效生态经济区发展政策研究

邸娜对2009—2015年黄河三角洲高效生态经济区生产总值、生态环境、产业结构和产业发展、基础设施、人民生活和开放程度等方面的统计数据进行政策实施效果分析，结果表明，黄河三角洲高效生态经济区政策在经济、社会、生态等方面取得了较大成就，但仍存在一定不足。应加强

---

① 谢芹：黄河三角洲地区物流产业集群发展对策研究，《中国石油大学胜利学院学报》2015年第2期。

② 李超：黄河三角洲地区港口规模布局方案探讨，《四川水泥》2015年第9期。

③ 李红：黄河三角洲高效生态经济区企业生态文化建设研究，《经营与管理》2017年第4期。

区内协调合作，加快产业结构优化升级，加大创新与人才支撑力度，完善区域生态立法，促进黄河三角洲高效生态经济区的进一步发展。①

---

① 邸娜：黄河三角洲高效生态经济区政策研究，《滨州学院学报》2016 年第 5 期。

第二章 山东省海洋科技 与经济发展基础与条件

第一节 山东省海洋生态环境状况

2018年3月8日，习近平总书记在参加十三届全国人大一次会议山东代表团审议时指出："海洋是高质量发展战略要地。要加快建设世界一流的海洋港口、完善的现代海洋产业体系、绿色可持续的海洋生态环境，为海洋强国建设作出贡献。"① 2018年6月12日，习近平总书记在青岛海洋科学与技术试点国家实验室考察时强调："发展海洋经济、海洋科研是推动我们强国战略很重要的一个方面，一定要抓好。关键的技术要靠我们自主来研发，海洋经济的发展前途无量。"② 山东省初步建立了海洋经济宏观监测评估与调控管理体系，海洋经济总体上保持了稳中有好、稳中有优的发展态势，海洋产业发展亮点纷呈，为海洋强国建设贡献了重要的力量。

海洋生态环境承载能力强。山东半岛是典型的暖温带季风气候，台风登陆概率低。近岸海域主要是清洁和比较

---

① 习近平谈建设海洋强国，http：//politics.people.com.cn/n1/2018/0813/c1001-30225727.html，最后访问日期：2021年6月9日。

② 同①。

清洁的海区，水动力条件较好，自净能力较强。①

一、2017 年山东省海洋环境状况

2017 年，山东省海水环境质量总体良好。3 月、5 月、8 月和 10 月符合一类海水水质标准的分别为 140 463 km^2、144 708 km^2、145 965 km^2 和 143 595 km^2，分别占山东省海域面积的 88.1%、90.7%、91.5% 和 90.0%。海洋沉积物质量总体良好，海洋生物多样性和群落结构基本稳定，黄河口、莱州湾、庙岛群岛三大典型生态系统处于亚健康状态。2017 年，山东省海洋功能区环境状况总体良好，国家级海洋保护区环境质量得到改善，主要保护对象基本稳定，重点浴场和滨海旅游度假区环境状况总体良好，适合游泳或其他休闲活动的天数比 2016 年增加了 3%，重点海水增养殖区环境质量等级为"优良"，一般来说，它可以满足养殖以及休闲活动的要求。2017 年，山东省主要海洋生态灾害包括浒苔绿潮和赤潮等。与往年相比，绿潮的分布面积和覆盖面积较小，但呈现大规模浒苔与马尾藻并存的现象，日照海域发生两起夜光藻引起的小面积无毒赤潮。②

---

① 山东省新旧动能转换综合试验区建设办公室：山东半岛蓝色经济区发展规划（印发稿），http://sdzdb.sdfgw.gov.cn/art/2018/5/12/art_10296_837062.html，最后访问日期：2018 年 12 月 19 日。

② 山东省海洋与渔业厅：2017 年山东省海洋环境状况公报，http://www.shandong.gov.cn/col/col2530/，最后访问日期：2018 年 12 月 19 日。

二、2018 年山东省海洋环境状况

2018 年，山东省海水环境质量状况总体良好，海洋生物多样性和群落结构基本稳定，主要海洋功能区环境状况总体较好，绿潮最大覆盖面积较 2017 年同期大幅缩小，但近岸海域典型生态系统依然处于亚健康状态。2018 年山东开展了 4 个航次的海水质量监测，海水中无机氮、活性磷酸盐、石油类、化学需氧量等指标的综合评价显示，山东海水环境质量状况总体良好。劣于四类海水水质标准的海域主要分布在莱州湾、渤海湾南部等近岸海域，主要超标要素为无机氮。海洋生态文明建设示范区方面，2018 年青岛、烟台、威海、日照、长岛县 5 个国家级海洋生态文明示范区近岸海域环境状况良好，海水水质总体符合二类海水水质标准，海洋沉积物质量符合一类海洋沉积物质量标准；海水浴场、海水增养殖区、旅游度假区等环境质量总体满足所在海洋功能区要求。与 2017 年监测结果相比，符合一、二类海水水质标准的海域面积基本持平，海洋环境状况保持稳定。灾害与风险方面，2017 年黄海绿潮密集度低于往年，最大分布面积与上年基本持平，最大覆盖面积明显低于上年，较近 5 年平均值分别减少 58.4%。2017 年山东海域未发现大面积赤潮，烟台、威海近岸局部海域有少量夜光藻聚集现象，密度尚未达到赤潮预警标准。海阳核电站投入运行后，临近海域放射性核素水平与此前调查结果相比保持稳定，未见异常。不过，2018 年黄河口、莱州湾、胶州湾及庙岛群岛典型生态系统受环境污染、资源不合理开发等因素影响，总体依然呈亚健康状态。主要影

响因素包括无机氮含量超标、浮游生物密度及生物量偏离评价指标范围等。具体来看，黄河口典型生态系统氮、磷比失衡现象及海域富营养化状况依然存在；胶州湾生态系统东北部湾顶富营养化程度较高；莱州湾典型生态系统氮、磷比失衡现象及海域富营养化状况略有加重，小清河口附近有机污染依然较重；庙岛群岛典型生态系统局部海域甲藻比例较高。①

三、2019 年山东省海洋环境状况

2019 年，山东省省控及以上 138 个地表水考核断面中，除 7 个断面全年断流、1 个实施河道整治外，水质优良（达到或优于Ⅲ类）66 个，占 50.8%；Ⅳ类 50 个，占 38.5%；Ⅴ类 12 个，占 9.2%；劣Ⅴ类 2 个，占 1.5%。海洋环境方面，2019 年，按山东全省 609 个省控站位测算，符合第一类、第二类、第三类、第四类和劣四类海水水质标准的面积比例分别为 85.1%、9.3%、1.6%、1.4% 和 2.6%，水质优良（第一类、第二类海水水质标准）面积比例为 94.4%，与 2018 年基本持平②。

---

① 陈晓婉：2018 年山东海水环境质量状况总体良好，绿潮大幅缩小，http://sd. people. com. cn/n2/2019/0607/c166192 – 33018851. html，最后访问日期：2020 年 8 月 19 日。

② 山东省生态环境厅发布《2019 年山东省生态环境状况公报》，http://news. cnr. cn/native/city/20200605/t20200605_ 525118326. shtml，最后访问日期：2020 年 8 月 19 日。

四、2020年山东省海洋环境状况

近年来，山东省围绕"打赢渤海综合治理攻坚战"主线，全面推行湾长制，坚持污染减排和生态扩容并重，深入开展"入海河流消劣"和"入海排污口排查整治"两大行动，扎实推进海岸带生态保护修复和海洋生物资源养护。经过不懈努力，2020年山东省38条省控以上入海河流全部消除劣Ⅴ类水体，入海排污口排查和监测溯源取得积极进展，全省海洋生态环境质量显著改善，近岸海域水质优良比例达到91.5%。①

第二节　山东省部分沿海地区
海洋生态环境现状

一、青岛市海洋生态环境现状

2016年10月28日，青岛市出台了《关于加强胶州湾保护工作的实施意见》（以下简称《实施意见》），使胶州湾成为水清、岸绿、滩净、湾美、物丰的蓝色海湾，成为中国海洋生态文明建设和蓝色海湾治理的示范湾。《实施意见》明确提出了4个发展目标：确保湾区面积得到有效控制，生态环境质量明显改善，环湾岸线整治全面完成，基

---

① 2020年山东全省海洋生态环境质量显著改善，https：//view. inews. qq. com/a/20210226A03X5000，最后访问日期：2021年7月7日。

础保障能力显著提高。①

2017 年，青岛市坚持陆海统筹、湾区统筹、河海共治，围绕构筑"三湾三城"的海湾型城市新格局，全面开展"美丽海湾"建设，在全国率先提出探索湾长制并在全市推行，创新治理责任体系，加大污染防治，实施生态修复，加强环境监测监管，营造海湾保护氛围，推进海洋生态文明建设。2017 年，完成了 411 个近岸海站位的监测工作，获取海洋环境监测数据 4.2 万余组，系统掌握了青岛近海环境的现状和变化趋势。监测结果表明，近岸海域海水环境质量状况稳中向好，98.5%的海域符合第一类和第二类海水水质标准。污染较重的符合第四类和劣四类海水水质的面积约占青岛市近岸海域的 0.6%，主要分布在胶州湾东北部、北部湾顶和丁字湾，主要污染物为无机氮和活性磷酸盐。青岛近岸海域富营养化程度低。青岛近岸海域泥沙质量总体良好。海洋生物群落结构保持稳定。

2017 年，青岛近岸海域海洋功能区环境良好。海洋保护区海洋环境总体较好，监测指标基本符合第一类海水水质标准。生物多样性指数较高，群落结构稳定，生物栖息环境良好。重点浴场和滨海旅游度假区环境条件优良，适合各种休闲娱乐活动。重点海水增养殖区环境质量优良，适合海水养殖。主要临海工业区周边海域环境状况较好，未发现用海活动对周边海域环境质量有明显影响。倾倒区及周边海域海水质量良好，沉积物质量状况良好，未发现

----

① 青岛市印发《关于加强胶州湾保护工作的实施意见》，http：//ocean. qingdao. gov. cn/n12479801/n31588794/1611141211404055226. html，最后访问日期：2020 年 6 月 7 日。

倾倒活动对邻近海域环境敏感区及其他海上活动造成明显影响。2017 年，重点入海排污口邻近海域环境质量仍受到一定程度的陆源排污影响，但与 2016 年相比有所提高。海洋垃圾在沿岸海域明显高于远岸海域，以人类活动产生的生活垃圾为主，海洋垃圾密度较往年有所减少。

2017 年，青岛市近岸海域海水环境质量总体良好，98.5%的海域符合第一类和第二类海水水质标准，与 2016 年持平。冬、春、夏、秋四季，青岛市近岸符合第一类和第二类海水水质标准的海域面积分别为 12 105 km^2、12 156 km^2、11 854 km^2 和 11 966 km^2。分别占青岛近岸海域面积的 99.2%、99.6%、97.2%和 98.1%；污染较重的符合第四类和劣四类水质海域面积占青岛沿海地区的 0.6%，与 2016 年相同，主要分布在胶州湾东北部、北部湾顶和丁字湾。春、秋季主要污染物为无机氮，夏季主要污染物为活性磷酸盐。

青岛近岸海域海水环境质量稳中向好。与过去 5 年平均值相比，2017 年符合第一类和第二类海水水质标准的海域比例上升 0.6%，符合第四类和劣四类海水水质标准的海域比例多年保持稳定。

近 5 年监测结果表明，青岛近岸海域海水中无机氮浓度逐步下降，石油类浓度变化较小，活性磷酸盐浓度波动较大。

2017 年，青岛近岸海域富营养化程度较低。冬、春、夏、秋四季富营养化海域面积分别为 199 km^2、34 km^2、210 km^2 和 186 km^2，分别占青岛近岸海域面积的 1.6%、0.3%、1.7%和 1.5%。严重富营养化仅发生在秋季，面积为 12 km^2，位于胶州湾东北部。

即墨区近岸海域海水环境质量状况总体较好，海水中 pH 值、化学需氧量、大部分重金属监测指标符合第一类海水水质标准，主要污染物为无机氮和活性磷酸盐，无机氮、活性磷酸盐和石油类的平均浓度分别为 146 μg/L、7.89 μg/L 和 11.6 μg/L。冬、春季无机氮及活性磷酸盐均符合第一类和第二类海水水质标准；夏季丁字湾主要受活性磷酸盐污染，湾内有两个站位活性磷酸盐超第四类海水水质标准，最高浓度为 63.1 μg/L，1 个站位 pH 值不符合第一类和第二类海水水质标准要求，pH 值为 7.78；秋季丁字湾主要受无机氮污染，有 1 个站位超第三类海水水质标准，浓度为 486 μg/L。

崂山区近岸海域海水环境质量状况总体良好，海水中 pH 值、化学需氧量、无机氮、石油类及大部分重金属监测指标均符合第一类海水水质标准，无机氮、活性磷酸盐和石油类的平均浓度分别为 65.9 μg/L、8.78 μg/L 和 14.7 μg/L。冬季所有监测指标均符合第一类海水水质标准；春、夏、秋 3 个季节均有部分站位活性磷酸盐超第一类海水水质标准，但符合第二类海水水质标准，浓度最高值出现在秋季的仰口近岸海域，最高浓度为 21.1 μg/L。

市南区近岸海域海水环境质量状况总体良好，海水中 pH 值、溶解氧、化学需氧量及大部分重金属监测指标均符合第一类海水水质标准，无机氮、活性磷酸盐和石油类的平均浓度分别为 162 μg/L、15.5 μg/L 和 13.2 μg/L。冬季太平湾无机氮超第三类海水水质标准，为 487 μg/L，其余季节无机氮均符合第一类和第二类海水水质标准；夏季浮山湾 1 个站位活性磷酸盐超第四类海水水质标准，两个站位石油类超第一类和第二类海水水质标准，浓度分别为 91.3 μg/L 和 58 μg/L。

青岛西海岸新区近岸海域海水环境质量状况总体较好，海水中 pH 值和大部分重金属监测指标符合第一类海水水质标准，局部海域受到无机氮和活性磷酸盐污染，无机氮、活性磷酸盐和石油类的平均浓度分别为 120 μg/L、8.75 μg/L 和 23.0 μg/L。冬、春季无机氮及活性磷酸盐均符合第一类和第二类海水水质标准；夏季，活性磷酸盐在灵山湾 1 个站位超第四类海水水质标准，唐岛湾 1 个站位超第三类海水水质标准，浓度分别为 56.5 μg/L 和 30.2 μg/L，石油类在斋堂湾、龙湾及灵山湾部分站位超第一类和第二类海水水质标准，最高浓度为 78.4 μg/L，溶解氧含量在灵山湾-唐岛湾部分站位低于第一类海水水质标准；秋季，无机氮在棋子湾有 1 个站位超第三类海水水质标准，浓度为 428 μg/L，石油类在胶南琅琊港、古镇口湾、里岛湾及唐岛湾各有 1 个站位超第一类和第二类海水水质标准，最高浓度为 66.5 μg/L。①

2018 年，青岛市近岸海域水质状况总体良好。胶州湾外黄海海域水质状况为优；胶州湾优良水质面积比例为 73.7%，同比升高 1.9 个百分点。李村河、墨水河和大沽河

---

① 青岛市海洋与渔业局：2017 年青岛市海洋环境公报，http：//ocean. qingdao. gov. cn/n12479801/upload/1803211005204 91850/1803211007 00273488. pdf，最后访问日期：2020 年 9 月 14 日。

入海口附近海域水质较差,主要污染物为无机氮。①

2020年9月19日,中国海洋发展基金会联合数十家国内海洋保护领域的公益组织,在全国各地同时展开大规模的净滩公益行动。青岛市作为主会场参与其中,9月19日上午,2020"守护美丽岸线,我们共同行动"暨"友善青岛·蓝色时尚"海洋公益嘉年华活动在城阳万达广场举行启动仪式。公益净滩、主题演讲、海洋科普、生态影展、视听直播……本届青岛的净滩公益行动再次创新,围绕不同年龄段需求,打造了一场"海洋公益嘉年华"活动,带大家玩转海洋科普,让知识更加有趣。本次海洋公益充分运用互联网技术,采取"线上+线下"的方式,活动参与者可以自由选择,通过观看网络直播、视听体验、公益实践,更加全方位、立体化地了解海洋生态保护、参与海洋保护。在"走进深蓝"海洋主题演讲课中,数位一线海洋科研人员、海洋保护专家、野生动物保护工作者,给现场近200位观众讲述了最前沿的海洋保护理念和海洋生态保护一线的有趣故事。本次活动也是2020"友善青岛·蓝色时尚"系列品牌活动之一。"友善青岛"城市互联网公益志愿服务品牌是由中共青岛市委网信办指导,鲁网青岛联合青岛市各类民间志愿服务队伍共同发起,旨在利用网络的力量,推动公益事业向前、向深发展,打造自有城市公益IP,共建文明美好城市。本届活动由中国海洋发展基金会、能量中国平台主办,自然资源部北海局、山东海洋局、中共青

---

① 2018年青岛市生态环境状况公报,http://www.qingdao.gov.cn/n172/n24624151/n24628355/n24628369/n24628411/191209135401454313.html,最后访问日期:2020年9月23日。

岛市委网信办、共青团青岛市委、青岛市生态环境局、青岛市海洋发展局指导，蓝丝带海洋保护协会、青岛爱心角志愿服务中心承办，鲁网公益、青岛水族馆、青岛市市南区实验小学、城阳万达广场、深度传播集团、青岛第三十九中学、中国太平洋学会海洋管理专业委员会、阿拉善SEE山东项目中心等参与协办。除了青岛主会场的活动，全国沿海近30个城市、1万余名志愿者参与到本次净滩公益行动中，共同守护美丽海洋，助力海洋生态文明建设。①

"十三五"以来，青岛市制定颁布了《青岛市海岸带保护与利用管理条例》，建立和完善了湾长制等各项制度，自然岸线保有率达到40%。"蓝色海湾"等生态修复工程已经实施，共整修了110 km的海岸线。继续打好浒苔处置攻坚战，创新实施关口前移、航道外线打捞等措施，千方百计消灭浒苔于海上，海陆清理比例从2015年的1∶1增加到2020年的30∶1，上岸的浒苔数量是2008年以来最低的。2020年，查获了380多艘违反伏季休渔规定的渔船，没收了100多艘涉渔的"三无"渔船。伏季休渔和海上执法管理秩序大为改善。②

二、东营市海洋生态环境现状

东营市继续加强海洋生态文明建设，认真整改中央环

---

① 守护美丽岸线 2020 青岛"海洋公益嘉年华"启动，http：//sd. rmsznet. com/video/d218107. html，最后访问日期：2020 年 10 月 7 日。

② 青岛"十三五"海洋经济年均增速达 13.3%，经略海洋六场硬仗全面起势，http：//qdlg. qingdao. gov. cn/n32561025/n32561090/210107064320630721. html，最后访问日期：2021 年 1 月 29 日。

保督查和国家海洋督查中存在的问题。2018年中央环保督查反馈的4个问题,国家海洋督查反馈的15个问题都达到了整改进度要求。东营市依法依规对涉海项目进行了行政审批,2018年共受理用海项目37个。稳步推进"河长制"和"湾长制"制度建设,建立"河流-河口-海污染防治联动机制",实施了神仙沟、老广蒲沟、广利河等入海河流综合治理工程。东营市开展了"海盾"和"碧海"等专项执法行动,加强5个国家级海洋特别保护区规范化建设,全面提高海洋环境监测、观测和预报能力,每天发布海洋预报,重点做好台风、风暴潮等海洋灾害预警报工作,有效减少了渔民损失。东营市海洋预报工作走在山东省沿海地市的前列。①

2019年以来,东营市对生态恢复进行综合治理,分步实施,共实施生态修复工程1 862 hm²,通过疏通潮间带潮沟、改造微地形、修复生态海岸线和柽柳、盐地碱蓬植被,提升滨海湿地生态系统物种多样性。2020年3月1日,东营市颁布实施了《东营市海岸带保护条例》,促进了海洋资源的集约化经济利用,为建设海洋强市提供了法律保障。通过地方性法规,明确了海岸带保护、利用和管理的原则,严格执行海岸分区保护和管理,加快制定海岸带保护规划,进一步加强海岸线开发管控和自然岸线保护。目前,东营市正在加快建设海洋强市,推动海洋经济和生态文明再上新台阶。东营市以营造绿色可持续海洋生态环境为目标,

---

①　聂金刚:东营推动海洋经济发展 目前3个省级海洋牧场平台安装完成,http://dy.163.com/v2/article/detail/E2EAAJU00530VU1G.html,最后访问日期:2020年9月26日。

以海洋生态修复为着力点，坚决打好渤海区域环境综合治理攻坚战，加快建设"水清、滩净、岸绿、湾美"的美丽海洋。目前，已退养还滩 545.87 hm^2，修复盐地碱蓬植被 1 759 hm^2，修复生态岸线 4 km。修复区及周边湿地鸟类数量明显高于往年，渔业资源得到不同程度的恢复。①

2020 年，东营渤海综合治理攻坚战海洋生态修复项目启动，整治修复滨海湿地面积 2 197 hm^2、岸线 5.33 km，开始人工引回翅碱蓬和牡蛎礁。通过该项目实施，解决黄河三角洲海堤防护能力差、湿地互花米草入侵、盐地碱蓬和海草床退化等突出的生态问题，实现滨海湿地"防护——治理——修复"和谐可持续发展。②

三、烟台市海洋生态环境现状

烟台市省级以上海洋与渔业保护区数量名列山东省第一，海水水质功能区达标率为 100%，所有海域、岛屿和海岸带规划实现全覆盖。③

截至 2017 年 12 月 19 日，山东省长岛县分布于 4 处岛屿的 80 台陆域风力发电机被拆除，标志着全域生态保育攻

---

① 蔡文龙：强化海洋生态修复 筑牢蓝色安全屏障 东营市加快推进海洋强市建设，http://news.dongyingnews.cn/system/2020/09/15/010739096.shtml，最后访问日期：2020 年 9 月 26 日。

② 蔡文龙：大潮澎湃起 扬帆正当时——东营市加快建设现代海洋强市工作纪实，http://k.sina.com.cn/article_1893761531_70e081fb0200262zh.html，最后访问日期：2021 年 8 月 3 日。

③ 烟台纵深推进海洋生态文明建设 呵护那一抹蔚蓝底色，http://baijiahao.baidu.com/s? id = 1601124784302421632&wfr = spider&for =pc，最后访问日期：2019 年 3 月 24 日。

坚迈出了第一步。据了解，长岛正紧紧抓住省市支持生态保护和可持续发展的大好机遇，以风机拆除拉动"山海林岸滩"一体化全域生态保育整体实施，近期制定完成《长岛生态保护条例》、国家级生态功能区产业准入负面清单、国家级自然保护区范围和功能区调整报告，全面落实生态保护责任制和责任追究制，重点推进生态岛礁和岸滩整治修复、地质灾害治理与山体生态修复、绿化美化彩化升级、大规模植树造林及垃圾污水处理等系列工程，打造南北纵跨渤海湾的"生态安全屏障体系"，并围绕"建立以国家公园为主体的自然保护地体系"，整合 7 个国家级和 2 个省级保护区，争创山东省首个国家公园。①

2005 年以来，烟台市连续开展大规模渔业资源增殖放流，实施"放鱼养水"工程，每年增殖放流水产苗种 10 亿单位以上，有效维护近海渔业资源，保护海洋生态环境，取得良好效果：①生态效益凸显。近海严重退化的重要经济渔业资源得到有效补充，中国对虾、梭子蟹、海蜇等大型放流品种形成相对稳定的秋季鱼汛。增殖放流在近海生态系统的循环中起着重要作用。通过放流和捕捞增殖资源，从海水中移除了大量碳、氮和磷元素，有效地缓解了海水富营养化。②经济效益显著。多年来，回捕中国对虾、梭子蟹、海蜇等重要资源已成为烟台秋季鱼汛期间约 10 万渔民和超过 4 400 艘中、小型渔船的主要生产门路。据统计，渔民年收入直接增加 3 亿多元。增殖放流综合投入产出比

---

① 为保护候鸟，长岛 80 台风力发电"大风车"全被清理，https://www.sohu.com/a/211646013_ 330931，最后访问日期：2020 年 9 月 23 日。

达到 1∶10，即政府每投资 1 万元，直接经济收入可达 10 万元。③社会效益良好。丰富了市民的菜篮子，满足了社会对绿色、安全、放心的海产品的需求，提高了人们的饮食质量。间接带动了水产养殖、水产苗种、水产品加工流通、休闲渔业等相关产业的发展，创造了大量就业机会。市民参与渔业资源保护和海洋生态环境保护的意识显著增强，海洋资源的增殖放流逐步发展成为全民参与的大型公益活动。①

近年来，烟台市把建设长岛海洋生态文明综合试验区列为全市"三重"工作的重中之重，成立工作专班，持续发力长岛生态保护修复和可持续发展，努力把长岛建设成为生态环保宜居的海岛。

在山东省和烟台市的重视下，长岛全方位、立体化的生态保育与修复工程全面展开：大力实施海岸带整治修复工程，拆除海岸线育保苗场和破旧建筑，加快近岸水产养殖和生产生活设施的搬迁和退出，实施海域生态修复和生物种群恢复工程，发展生态海洋牧场、加快海底森林开发等项目。各有居民岛屿破损山体应治尽治，完成了污水处理设施全域覆盖，城乡生活垃圾分类全面推开，自然岸线占比达到 80%，腾退近岸养殖设施 1.26 万亩。所有地区都实行了对机动车辆的"双禁"和禁止燃放烟花爆竹的禁令。国家公园创建前期工作、标准化示范区建设有序推进。《山东省长岛海洋生态保护条例》颁布实施。近海海域水质和

---

① 苗春雷、李宁、聂英杰：持续推进海洋生态文明建设，烟台打造海上"绿水青山"，http://www.ytcutv.com/folder355/folder356/folder376/2020-06-05/1354380.html，最后访问日期：2020 年 9 月 23 日。

空气质量稳定，达到国家一类和国家二级标准，海岛海洋环境明显改善，动植物种群恢复加快。通过不断的修复和治理，长岛生态环境得到了明显改善。多年未见的大叶藻、海萝等藻类重现长岛，白江豚、鲸鱼屡屡出现，对生态质量要求极高的东方白鹳、斑海豹等种群数量明显增加，鼠尾藻等原生藻类、鲍鱼等野生海珍品、渤海刀鱼等传统经济鱼类资源均有不同程度的恢复。2019 年 11 月 16 日，长岛被选为全国第三批"绿水青山就是金山银山"实践创新基地。这也意味着长岛海洋生态文明综合试验区建设取得了显著成绩，跻身全国和山东省前列。①

今后，烟台将实施更加严格的生态红线控制，完善生态修复长效机制，全面实施"湾长制""港长制"和"岛长制"，促进海陆统筹、湾区统筹、河海共治，实施海湾、海港、海岛功能永续利用，为新旧动能转化不断做出贡献。②

四、潍坊市海洋生态环境现状

潍坊市坚持海洋生态保护，在海洋生态文明建设中发挥作用。加强海洋生态保护，实施全海域生态红线制度，2018 年全面落实 10 个海洋生态红线区分类管控。大力实施

---

① 苗春雷、李宁、聂英杰：持续推进海洋生态文明建设，烟台打造海上"绿水青山"，http：//www.ytcutv.com/folder355/folder356/folder376/2020-06-05/1354380.html，最后访问日期：2020 年 9 月 23 日。

② 烟台纵深推进海洋生态文明建设 呵护那一抹蔚蓝底色，http：//baijiahao.baidu.com/s？id=1601124784302421632&wfr=spider&for=pc，最后访问日期：2020 年 9 月 21 日。

"蓝色海湾""南红北柳"等重大海洋生态修复工程，促进近岸海域生态养护，逐步恢复海域海岸带自然属性，全市自然岸线保有率不低于30%。加强沿海防护带建设，选择耐盐碱、易生存、低成本的盐松等适宜树种，解决北方沿海地区生态绿化难题。充分利用30亿元城市建设发展资金，创新海岸线整治资金投入机制。加强海陆污染防治，全市启动了海洋排污总量控制制度，制定了市、县两级养殖水域滩涂规划，实施近岸海域养殖污染治理工程，稳步提高全市海洋功能区水质达标率。①

2019年，山东省财政厅、山东省海洋局、山东省生态环境厅下发了《关于下达中央海岛及海域保护资金预算指标的通知》。2019年，潍坊市获得中央海岛及海域保护资金1.3亿元，居山东省首位。②

五、威海市海洋生态环境现状

2017年，威海市监测海域面积 11 449 km²。综合评价结果表明，威海近岸海域环境质量总体保持良好。符合一类海水水质标准的海域面积 10 623 km²，占其管辖海域面积的92.8%。符合第二类海水水质标准的海域面积 636 km²，占所辖海域面积的 5.6%。威海近岸海域海水水质总体良

---

① 我市全力打造海洋高质量发展战略要地，潍坊滨海海洋经济新区建设推进办公室网站 http://xqb. weifang. gov. cn/xwdt/201809/t20180921_ 5075895. htm，最后访问日期：2020 年 3 月 14 日。

② 潍坊市获得 2019 年中央海岛及海域保护资金 1.3 亿 位居全省第一，http://mshandong. com/fiance/2019/03/01/010322396. html，最后访问日期：2020 年 9 月 14 日。

好，海洋沉积环境稳定，浮游生物和底栖生物多样性指数总体稳定。威海市 7 个海洋生态特别保护区海洋生物物种、自然景观以及海洋和海岸生态系统的保护对象基本保持稳定，未受到明显人为活动影响。海洋功能区综合环境质量达到良好以上水平。威海市有 15 个陆源入海排污（河）口存在超标排放现象，占监测排污（河）口总数的 88.2%；所有排污（河）口邻近海域环境质量状况良好，能够满足海洋功能区要求。近岸海域存在海洋垃圾分布现象，但密度较低。海洋灾害时有发生，生态风险不容忽视。[1] 2017年，威海市海洋生产总值达到 1 307.5 亿元，占全市 GDP 的 37.6%，全市自然岸线保有率达到 45% 以上，近海海域水质达标率 100%。[2]

威海市始终坚持以海洋生态文明建设为主线，不断增强海洋生态文明意识，提高海洋生态环境保护水平。2018年，威海市出台了《海洋强市建设总体方案》，提出瞄准 5 个方面，建设创新型国际海洋城市，把海洋生态文明建设摆在更加重要的位置。

（1）在区域规划方面，在全国率先编制《威海市海岸带分区管制规划》，将威海沿海地区，包括全市 1 046 km 岸线资源全部纳入规划，确定威海的规划目标："阳光海岸""自然海岸"和"发达海岸"。将全市海岸资源分为 12 类，

① 山东省威海市发布 2017 海洋环境状况公报：近岸海域环境质量状况总体继续保持良好，http：//www.vccoo.com/v/fa037g，最后访问日期：2020 年 8 月 18 日。

② 杜晓莹、姜慧芳、蔡君君：建设国家海洋生态文明示范区，威海这样做，http：//wh.wenming.cn/jujiao/201808/t20180829＿5411985.htm，最后访问日期：2020 年 9 月 26 日。

制定了相应的用地用海管制规划和政策。同时，发布了《海岸带管理与保护意见》和《海岸带执法巡查办法》，构建"日常巡查+重点布控+技术监控+协管员"四位一体的网格化执法监管体系。在专项海域规划中，威海组织编制了《海洋功能区划》《海域使用规划》《海洋环境保护规划》《生态红线控制规划》等，其中《海洋环境保护规划》在全国地级市中率先发布，形成系统、完整、科学的海洋区划规划体系。在海洋产业规划方面，根据海洋功能区划、海域使用规划、海岸带分区管理规划，威海市分别制定《蓝色经济区建设总体规划》《海洋生物产业发展规划》《游艇产业发展规划》《休闲渔业产业发展规划》等20多项专门规划。

（2）利用生态海域培育12个特色园区。为保护海洋资源的利用，威海严格控制围填海等改变海洋自然属性较大的项目，否决不符合海洋功能区划、海域使用规划和国家产业政策的项目。通过海洋产业园的布局，引导海洋产业项目向园区和基地集聚，最大限度地提高海岸带的利用效率。培育了海洋生物医药等12个特色园区，其中4个已成为山东省首批海洋特色园区。聚焦海洋碳汇产业化领域，威海在全国率先建立了贝藻碳汇实验室、海草床生态系统碳汇观测站、海洋生物与碳汇研发基地等，与中国水产科学研究院黄海水产研究所、中国科学院青岛生物能源与过程研究所及国内海洋碳汇研究的各大科研院所及研究团队建立了密切合作，开展海洋碳汇研究。

（3）严格保护和管理。为保护海洋生态资源，坚持用海项目限制性进入，出台了《威海市海岸带保护条例》《威海市城市风貌保护条例》等，并率先成立市领导挂帅的海域使用审批领导小组，严把涉海项目审批关，严守生态红线和"产业红线"，已先后拒绝总投资超过 280 亿元的项目。威海市还坚持污水排放双向控制，实行陆源污染排放总量和排污标准"双控"制度，实现总量控制和达标排放。铺设和改造了 400 km 余的城市污水管道，新建或改造了 10 座万吨以上的污水处理厂。建成了两个国家级湿地公园和 5 个省级湿地公园，培育了 12 万亩河道及入海口湿地。目前，威海市工业污水直排口达标排放率、城镇污水处理率、河流入海口环境功能达标率均为 100%。威海市通过综合整治、植树造林、修复湿地、恢复植被、增加旅游健身设施等，促进了海岸景观生态建设。建设了清洁沙滩 200 km 余、千余千米的生态走廊，以及 30 多个公益性滨海公园、7 个大型滨海旅游度假区，形成了环海岸线的生态景观链。

（4）积极涵养修复，各类保护区总面积为 3×10^4 hm^2。威海市不断加强水产养殖的清理整治，修复和改善海洋生态，修复 75 km 的海岸带，整治沙滩 100×10^4 m^2。通过"退养还海、退池还滩"，先后恢复桑沟湾、乳山河口、黄垒河口等近岸植被 40.9×10^4 m^2，有效提高了海岸带的生态承载能力。为加强海洋保护区的建设和管理，威海市禁止除保护区内必要的保护和附属设施外的其他生产建设活动。目前，威海市已建立荣成大天鹅国家级自然保护区、成山头省级海洋自然保护区等 5 个自然保护区；建立塔岛湾等 7 个海洋特别保护区和海洋公园；建立了 30 多个渔业种质资源保护区和原良种场。威海市采取增殖放流、人工礁石、海藻移植等综合措施，增加海洋生物资源量。建成人工鱼礁 4 万余亩，放流鱼苗超过 110 亿单位，占全省增殖放流总量的 30%，建成海洋生态牧场 200 万亩。①

2019 年，威海市又迎来了新的机遇。生态环境部于 2019 年 4 月 30 日发布了《关于发布"无废城市"建设试点名单的公告》，指出"为贯彻落实《国务院办公厅关于印发'无废城市'建设试点工作方案的通知》（国办发〔2018〕128 号）要求，我部组织各省推荐'无废城市'候选城市，并会同相关部门综合考虑候选城市政府积极性、代表性、工作基础及预期成效等因素，筛选确定了广东省深圳市、内蒙古自治区包头市、安徽省铜陵市、山东省威海市、重庆市（主城区）、浙江省绍兴市、海南省三亚市、河南省许昌市、江苏省徐州市、辽宁省盘锦市、青海省西宁市 11 个城市作为'无废城市'建设试点。同时，将河北雄安新区、北京经济技术开发区、中新天津生态城、福建省光泽县、江西省瑞金市作为特例，参照'无废城市'建设试点一并推动。"②

2019 年 9 月，威海市政府出台了《威海市"无废城市"建设试点实施方案》，刘公岛作为威海市著名旅游景点，被列为威海市"无废景区"建设试点，率先探索"无废景区"的创建路径和建设标准。在结合《威海市"无废城市"建设试点实施方案》的基础上，编制了《刘公岛

---

① 杜晓莹、姜慧芳、蔡君君：建设国家海洋生态文明示范区，威海这样做，http://wh.wenming.cn/jujiao/201808/t20180829_5411985.htm，最后访问日期：2020 年 9 月 26 日。

② 关于发布"无废城市"建设试点名单的公告（公告 2019 年 第 14 号），http://www.mee.gov.cn/xxgk2018/xxgk/xxgk01/201905/t20190505_701858.html，最后访问日期：2020 年 9 月 26 日。

"无废景区"建设试点实施方案》，深入探索"无废景区"建设模式。目前已形成 7 个方案的编制、12 个管理制度的制定。7 个方案包括：①刘公岛"无废景区"建设宣传方案；②刘公岛游客流量监管系统、门票电子化、游客体验收集反馈系统方案；③刘公岛垃圾分类运输方案；④刘公岛清洁能源实施方案；⑤餐厨垃圾处理方案；⑥两座污水处理站提标改造设计方案；⑦海水淡化博物馆建设设计方案。12 个管理制度包括：①制定生活垃圾分类制度，明确生活垃圾分类方式及各类生活垃圾收集、运输和处理的具体方式；②制定海洋垃圾收集清运制度；③制定危险废物管理制度，包括生活源危险废物、医疗废物以及少量的工业危险废物等，根据岛内危险废物的种类和来源，明确其收集处置制度，完成规范化管理；④制定餐厨垃圾管理制度，明确餐厨垃圾的收集清运方式及频次，以及餐厨垃圾资源化处置工艺及设备运行管理制度；⑤制定清洁能源管理制度；⑥制定"无废城市"工作制度，确定整个"无废景区"建设进度及责任主体；⑦制定"无废景区"工作监督制度；⑧制定"无废景区"建设工作评价制度；⑨制定"无废景区"建设资金保障制度；⑩制定"无废景区"建设宣传工作制度；⑪制定刘公岛游客流量监管系统、门票电子化系统、游客体验收集反馈系统管理制度；⑫制定岛内建筑垃圾管理制度。①

---

① 威海市"无废城市"建设试点亮点模式（截至 2020 年 6 月 30 日），http://www.mee.gov.cn/home/ztbd/2020/wfcsjssdgz/sdjz/ldms/202008/t20200825_795089.shtml，最后访问日期：2020 年 9 月 26 日。

六、日照市海洋生态环境现状

近年来，日照市委、市政府将"生态立市"确立为五大发展战略之首，围绕"绿绿青山，清清河流，蓝蓝海洋，朗朗天空"总目标，大力实施林水会战和污染治理，突出海洋特色，设立海洋保护区，建设海洋公园，推进了全域生态文明建设。作为一个海域大于陆域的沿海城市，日照坚持向海发展，实施依法治海、科学保护海洋、立体净海、退港还海四大工程。日照努力建设生态用海"防护网"、海洋资源"调节器"、海洋生态"净化机"、绿色发展的"助力器"，高标准建设"蓝蓝海洋"。制定并实施《日照市海洋功能区划》《日照市生态环保规划》等海洋规划，在山东省率先建立了市政府海域使用专题会议制度，率先实施渔业资源修复行动，在全国地级市中率先建立了全海域海洋生态红线制度，完善绿潮、赤潮、油污治理的长效机制等。在陆地上，日照市开展了渔业环境整治，对全市12处主要渔港和所有水产养殖区进行了整治，分期分段整治修复岸线30 km 余，建设各类海洋保护区11 处，通过岸线复绿，强力推进河口、湿地资源修复工作，在全国率先实施退用还海工程；在海上，日照市规划了"三大片区、一百万亩"海洋牧场，推广海面、海体、海底多层次生态立体养殖模式，很好地修复了海底生态系统。①

---

① 日照：加快推进海洋特色全域生态文明建设，http：// rizhao. dzwww. com/rzxw/201712/t20171212_ 16287285. html，最后访问日期：2020 年 8 月 19 日。

近年来，日照市实施科学的海洋保护工程，精心建设生态黄金海岸线，分期分段修复整个海岸线。从北线的阳光海岸带精品岸线建设、万宝海岸带整治修复、大沙洼林场岸线建设，到中部小海河口海岸带整治修复，再到南线的岚山海上碑、多岛海生态修复工程，都取得明显成效，打造了中国大陆上少有的生态海岸带和优美岸线。日照市把海洋生态建设作为"生态立市"战略的重要组成部分，先后建立了全国首批国家级海洋公园、国家级海洋生态文明示范区、国家级生态保护与建设典型示范区。日照市在中国地级市中率先建立海洋生态红线制度，划定了 26 个红线区，总面积 $8.3 \times 10^4 \ \text{hm}^2$。日照市还制定颁布了《日照市海岸带保护与利用管理条例》，完善了对海岸带保护优先、保护和利用并重的机制。同时，将启动海岸带整治行动计划，通过 3 年的集中整治，努力把日照建设成为"蓝带""金带"和"绿带"交相辉映的城市郊野。[1]

2020 年 9 月 19 日，由自然资源部宣教中心支持，中国海洋发展基金会主办，蓝丝带海洋保护协会日照志愿服务队、日照市法学会海洋与海商法学研究会承办，日照市人大农业与农村委员会、共青团日照团委、日照市法学会、日照市海洋发展局、日照海警局、日照海事局、日照出入境边防检查站、日照市城市建设投资集团有限公司、阿拉善 SEE 山东项目中心、曲阜师范大学日照校区等多家单位共同参与的，第四届全国净滩公益活动日照分会场在日照

---

① 蓝海与林海辉映 日照市打造生态黄金海岸线，http：//ocean. china. com. cn/2019 - 07/16/content _ 74996759. htm，最后访问日期：2020 年 8 月 15 日。

市万平口风景区成功举办。这也是日照市连续第二年同步举办海滩公益健步走活动，活动现场还有来自日照市中加国际健康管理中心、日照达文西培训学校有限公司、山东德与法律师事务所等多家机构的志愿代表参加。活动旨在传播海洋资源环境保护和垃圾分类知识，提高公众预防和减少海洋垃圾的意识，推动公众积极参与保护海洋的行动，形成全社会共推海洋生态文明建设的良好局面。①

七、滨州市海洋生态环境现状

2018 年 9 月 20 日，滨州市海洋与渔业局、滨州市发展和改革委员会、滨州市财政局、滨州市国土资源局、滨州市林业局、滨州市环保局、滨州市旅游发展委员会联合印发了《关于印发〈滨州市海洋生态文明建设规划（2015—2020）〉的通知》。②

2020 年 6 月 5 日上午，由中共滨州市委网信办、滨州市海洋发展和渔业局主办，大众网·海报新闻、滨州北海经济开发区经贸发展局、滨州北海现代海洋园区发展有限公司、山东省滨州港正海生态科技有限公司、山东省友发

---

① "守护美丽岸线，我们共同行动" 2020 全国净滩公益活动日照分会场成功举办，https：//sd. ifeng. com/a/20200921/14535060_0. shtml，最后访问日期：2020 年 9 月 26 日。

② 关于印发《滨州市海洋生态文明建设规划（2015—2020）》的通知，http：//www. binzhou. gov. cn/zwgk/news/detail？ tcode = &code = ｛20181120-1352-2122-3950-005056BB2F8A｝，最后访问日期：2020 年 9 月 26 日。

水产有限公司承办。① 滨州市 2020 年"全国放鱼日""世界海洋日"暨"经略海洋 向海图强"网络媒体海疆行活动启动。由山东省驻滨州及滨州市内新闻媒体记者组成的采访团将在为期 3 天的时间内深入滨州沿海各县区，聚焦海洋产业高质量发展，实地采访涉海涉渔企业、单位和从业者，挖掘滨州市在经略海洋方面的亮点做法和先进经验，助力"海洋强市""富强滨州"建设。2019 年，滨州实现海洋经济总产值（总产出）770 亿元，海洋生产总值（增加值）294 亿元，渔业经济总产值 171 亿元，渔民家庭人均纯收入达到 2.3 万元。2020 年，滨州市海洋发展和渔业局将投入专项资金 1 840 万元，在沿海和内陆城市水系放流各类水产苗种 6 亿单位，这对促进渔业资源恢复、水域生态修复和生态文明建设具有重要意义。希望社会公众通过参与增殖放流公益事业，切身感受鱼水和谐的生态魅力，并持续关注、支持海洋发展和渔业事业。启动仪式结束后，参加活动的领导嘉宾和媒体记者集体乘船到滨州近海海域开展增殖放流活动，共放流半滑舌鳎苗种 100 万尾。

2020 年 7 月 1 日，滨州市海洋发展和渔业局组织人员对"渤海综合治理攻坚战"海洋生态修复项目中的无棣县河口滨海湿地整治修复项目和北海经济开发区岸线岸滩整治修复项目进行现场督导推进。据悉，无棣县河口滨海湿地整治修复项目位于无棣县秦口河、徒骇河交汇入海区域，属于滨海平原与海域滩涂交接地带。每当海潮涨起，项目

---

① 滨州市组织开展 2020 年"全国放鱼日""世界海洋日"暨"经略海洋 向海图强"网络媒体海疆行活动，http：//hy.binzhou.gov.cn/xinwen/html/？1132.html，最后访问日期：2020 年 9 月 7 日。

区域河口段就会受到海潮顶托倒灌。由于该区域受多次风暴潮侵袭,部分湿地、岸滩破坏严重,土坡防护功能降低,湿地生态功能减弱,湿地面积减少,湿地植被退化,对滨海海洋经济发展造成了不同程度的影响。该项目的实施目标是,修复受损的湿地,增加湿地植被覆盖,实施已有防潮堤坝的生态化修复、侵蚀湿地生境修复等,完成湿地修复面积 273 hm²,生境岸线维护 8.6 km,生态岸线修复 4.22 km,实现对滨海湿地的有效保护和修复。滨州北海经济开发区岸线岸滩整治修复项目濒临渤海,位于潮河河口东、西两岸和潮河河口至套尔河入海口岸段,该区域岸线主要以淤泥质土坝为主,是具有显著鲁北地区滨海湿地特征的区域。该项目的实施,将拆除养殖池塘 31.697 2 hm²,恢复湿地 38.830 3 hm²;建设生态护岸约 2.222 km,修复岸线 5.638 km;环境修复 40.297 8 hm²,其中生态护岸堤顶后方种植桿柳、龙柏球等 1.467 5 hm²,恢复湿地 38.830 3 hm²,并建设 6.3 km 的绿化给水设施。督导组强调,两个项目对对应区域内湿地及岸线的整治修复意义重大,项目的推进能够有效修复受损湿地,保护陆地岸线资源和滨海岸线附近生产、生活设施安全,并缓解近岸海域生态环境压力,改善局部海域及岸线环境质量,为滨海岸线的可持续开发利用提供保障。有关部门要克服困难,有效推进施工进程,保证如期完工。①

---

① 滨州市海渔局督导推进两处海洋生态修复项目,https://3g.163.com/dy/article/FHGOLCS60530HINK.html,最后访问日期:2020年9月7日。

第三章　山东省沿海地区
海洋经济发展

第一节　青岛市海洋经济发展概况

一、"十三五"以来青岛市海洋经济发展基本概况①

　　据青岛市统计部门初步核算，2018 年全市实现海洋生产总值 3 327 亿元，同比增长 15.6%。其中，海洋第一产业增加值 110 亿元，同比增长 5.1%；第二产业增加值 1 766 亿元，同比增长 18%；第三产业增加值 1 451 亿元，同比增长 13.7%。海洋生产总值占 GDP 比重 27.7%。

　　"十三五"期间，青岛市成功获批全国第一个国家深远海绿色养殖试验区，国家级海洋牧场示范区增至 13 处，约占全国 1/8。青岛市海水淡化能力达 22.4×10^4 m^3/d，约占全国 1/5。到 2019 年底青岛港拥有海上航线 173 条，其数量与密度在华北港口中均列首位。实现海铁联运集装箱 138 万个，同比增长 20.7%，连续 5 年居中国海港铁路综合运

---

　　① 娄花：2018 年青岛实现海洋生产总值 3327 亿元，同比增长 15.6%，http://news.bandao.cn/a/193606.html，最后访问日期：2019 年 3 月 14 日。

输首位。青岛国际帆船周、青岛国际海洋节、凤凰岛（金沙滩）艺术节、青岛国际啤酒节等海洋节将在国内外享有良好的声誉。"十三五"期间，青岛市每年推进100多个重点涉海项目，海洋固定资产投资约占全市的1/4。"十三五"期间，青岛市海洋经济年均增速达到13.3%，海洋旅游业增加值年均增速达16%以上，青岛港完成货物吞吐量和集装箱吞吐量年均分别增长3.8%和4.8%。①

二、青岛市海洋经济大事件

（一）2018年海洋经济大事件②

2018年以来，青岛市积极贯彻落实海洋强国和海洋强省战略部署，切实打好"经略海洋"这张牌，大力推进国际海洋名城建设，海洋经济继续保持良好的发展态势。青岛海洋经济发展指数近年年均增长9.41%，青岛海洋经济总体保持较快增长态势，青岛市"一谷两区"正在加快形成以蓝色经济为特色的发展方式，不断优化经济结构、增强增长动力。

站在改革开放40周年的新起点上，青岛积累了深厚的海洋经济底蕴，国家沿海重要中心城市、滨海度假旅游城市、国际性港口城市、国家重要的现代海洋产业发展先行

① 青岛"十三五"海洋经济年均增速达13.3%，经略海洋六场硬仗全面起势，http://qdlg.qingdao.gov.cn/n32561025/n32561090/210107064320630721.html，最后访问日期：2021年1月29日。
② 独家发布！2018青岛海洋经济大事件，http://www.sohu.com/a/286303146_99953065，最后访问日期：2019年1月29日。

区、东北亚国际航运枢纽、海上体育运动基地，"一带一路"新亚欧大陆桥经济走廊主要节点城市和海上合作战略支点等海洋领域定位让青岛保持旺盛的发展活力，上海合作组织青岛峰会的举行将使青岛的海洋经济、海洋科技迎来新的发展机遇。

1. 国家海洋设备质量检验中心启用

2018 年 7 月 18 日，中国唯一的船舶设备综合第三方检验检测公共服务平台——国家海洋设备质量检验中心在青岛正式启动。经中华人民共和国质量监督检验检疫总局批准，国家海洋设备质量检验中心于 2012 年 8 月成立。它是国务院《山东半岛蓝色经济区发展规划》确定的国家级检测中心，为配套海洋装备产业而同步进行。该中心位于青岛蓝谷核心区，占地面积 71 800 m^2。中心总投资 11 亿元，为海上设备、海上油气开发设备、海洋新能源提供 550 余种产品和 4 000 余项检验检测服务。它还为轨道交通、汽车和机车等重点行业的 40 类陆产品提供超过 1 700 种检验和检测服务。其服务能力以海为主，"空、天、地、海"统筹，提供试验、测试、检测、认证一条龙服务；通过质量基础一体化创新，研究制定国际标准、国家标准和行业规则，促进相关产业的创新发展。

2. 国家文物局水下文化遗产保护中心北海基地启用

2018 年 11 月 6 日，国家文物局水下文化遗产保护中心北海基地在位于即墨区的青岛蓝谷投入使用，基地占地约 33.7 亩，总建筑面积约 16 400 m^2，由青岛市财政计划投资约 1.4 亿元建设。它将水下考古调查、勘探、发掘、保护、展示、研究、学术交流和人才培养集为一体，协调黄、渤海乃至世界水下文化遗产保护基地，同时引领和推动黄、渤海和环渤海水下文化遗产的保护，探索和完善中国水下文化遗产保护管理模式，促进水下文化遗产保护事业的发展。北海基地的开通填补了中国北方水下文化遗产保护国家公共技术支持平台的空白，将与南海基地共同构建我国水下文化遗产保护事业"一南一北、双翼齐飞"的格局。

3. 青岛率先发布市级海洋经济发展指数

根据青岛市发改委发布的《青岛海洋经济发展指数》，青岛 2015—2017 年海洋经济发展指数年均增长 9.41%，表明青岛海洋经济保持了快速增长态势。近年来，青岛积极发展海洋经济，推进国际海洋名城建设，对青岛海洋经济发展进行量化评价，并为青岛市委市政府提供科学决策依据。

4. 董家口 30 万吨级原油码头二期工程开建

2018 年 12 月 26 日，董家口 30 万吨级原油码头二期工程奠基、动土开建，由此，青岛港在董家口港区布局的世界级大型码头集群"再添一员"，在全国进口油接卸第一大港的基础上继续加快扩能增产步伐。12 月 27 日，董潍输油管道配套广饶库区投产、管道三期工程开工建设。2018 年，其吞吐量、进口油接卸量继续保持两位数增长，在山东炼化市场占有率提高至 51%。董家口港区已建成一座世界一流的 30 万吨级兼顾 45 万吨级原油码头和一座 10 万吨级转水码头，年设计通过能力达到 2 500 万吨。此次开工的二期工程投产后，董家口港区原油码头通过能力将达到 5 000 万吨，实现倍增。2018 年，青岛港在资本市场回归 A 股。

5. 国内最大规模海洋产业投资基金发布

2018 年 9 月 13 日，国内最大规模海洋产业投资基金在 2018 青岛国际海洋科技展览会上发布，该资金规模 100 亿元，重点发展智慧海洋、海洋生物医药、海洋化工、海洋资源与能源开发、滨海旅游等项目。该基金将利用青岛海洋科学与技术试点国家实验室等优势科研资源，进一步引进产业资本等其他生产要素，提高科技成果的转化效率和效益，形成"科研+资本+产业"的生产和金融发展新模式。同时，对传统产业，将利用资本力量加强并购整合，提高行业集中度，优化调整产能结构，加快海洋产业新旧动能的转化。

6. 中国蓝色药库开发基金在青岛成立

2018 年 7 月，青岛海洋生物医学研究所与青岛高创科技资本运营有限公司达成战略合作，共同发起成立中国蓝色药库开发基金，由政府引导基金和社会融资基金组成，总规模为 50 亿元，首期 2 亿元。该基金旨在促进海洋生物医学技术成果的转化，以实现中国蓝色药库之梦想。中国蓝色药库开发基金的设立，将凸显青岛的海洋特色和创新优势，重点推动蓝色药库的开发利用，助推我国海洋生物医药产业快速发展。

7. 中国科学院海洋大科学研究中心获批落户

2018 年上半年，中国科学院正式批准在青岛西海岸新区设立中国科学院海洋大科学研究中心，建在古镇口融合区大学园内，这是继北京、上海、合肥之后，中国科学院批准的第四个大科学研究中心，将建设国际一流的科研机构和具有重要国际影响力的科研中心，中国科学院 13 个科研机构齐聚一堂共同建设。海洋大科学研究中心将以承担探索交叉前沿领域、建设美丽健康海洋、保障国家海洋安全、服务"一带一路"倡议等为重要使命，汇聚中国科学院先进科技设施、优秀创新团队和重大科技创新成果，为山东省新旧动能转换和海洋强省建设提供强有力支撑。

8. 全球最大矿砂船"明通"轮交付

2018 年 8 月 16 日，武昌船舶重工集团有限公司为招商局能源运输股份有限公司建造的新型 40 万吨级矿砂船"明通"轮在位于青岛的北船重工交付使用。"明通"轮长 362 m，甲板面积相当于 3 个标准足球场，续航里程达 25 500 n mile。与旧型船舶相比，"明通"轮一个航次可节约 1 800 t 燃油。船东和劳氏船级社、中国船级社一致认为，该船机舱、甲板、生活楼三大区域建造质量较同类船舶有较大提升，达到国际先进建造水平。

9. "青岛造"世界级"海上油气处理厂"交付

2018 年 5 月 31 日，由中国海洋石油总公司旗下海洋石油工程股份有限公司自主集成的 FPSO（海上浮式生产储卸油装置）P67 在青岛"干拖"起航运往巴西。该装置总长 300 m 余，总宽度约 74 m，甲板面积相当于 3 个标准足球场。其作业水深为 2 200 m，最大石油生产能力为每天 15 万桶，储存能力为每天 160 万桶，天然气处理能力为每天 600 万标方，并设有可容纳 158 人作业的生活楼和直升机平台。它的最大排水量为 $35×10^4$ t，其排量和生产能力已达到世界级水平，堪称海上"巨无霸"。这是中国向国外交付工程量最大、最复杂、技术要求最高的 FPSO 项目。FPSO 是海上油气田开发的主流生产装置，可进行海上原油天然气的初步加工、储存和外输。FPSO 是集人员居住和生产指挥系统于一体的大型综合性海上油气生产基地，被誉为"海上油气处理厂"。

10. 帆船周·海洋节成为青岛首个国家级体育产业示范项目

2018 年 9 月 21 日，在 2018 年国家体育产业基地工作会议上，公布了新一批的 11 个示范基地、22 家示范单位和16 个示范项目，这些项目也将正式加入体育产业"国家队"。其中，青岛国际帆船周·青岛国际海洋节荣获国家体育产业示范项目，这也是青岛市第一个国家体育产业示范项目。青岛国际帆船周·青岛国际海洋节作为青岛首个国家级体育产业示范项目和青岛打造世界著名"帆船之都"的重要载体，在参照德国基尔帆船周、法国布雷斯特航海节等世界帆船节庆活动成功经验的基础上，全面整合了文化、体育、商务、产业等资源，建立了帆船国际交流、帆船比赛、帆船装备产业、帆船推广普及、文体娱乐活动等板块，坚持全民参与、帆船节庆、城市品牌的原则，并与国内外帆船组织建立广泛联系，确立创建亚洲一流、国际知名的帆船节庆品牌目标。目前，青岛国际帆船周已成为亚洲最大的专业帆船节庆活动。

（二）青岛市推进"一带一路"情况①

2018年，根据青岛市推进"一带一路"建设工作领导小组统一部署，青岛市"一带一路"海洋经济与科技各项工作进展顺利。

1. 科研合作实现突破

青岛海洋科学与技术试点国家实验室与澳大利亚联邦科学与工业研究组织合作建立的国际南半球海洋研究中心，其研究成果被列入中国改革开放40周年引才引智40项成果之一；与美国德州农工大学签署协议，共建国际高分辨率地球系统预测实验室；与俄罗斯希尔绍夫海洋研究所签署合作意向书，探讨共建中俄北极研究中心。

2. 海洋活动异彩纷呈

青岛市成功举办2018年全球海洋院所领导人会议，吸引了来自全球108个机构、5个国际组织的150余位嘉宾参加。在西海岸新区举办2018东亚海洋合作平台青岛论坛，来自中、日、韩及东盟等53个国家和地区的近400位嘉宾参加，发布《东亚海洋合作研究报告（2018）》《2018东亚海上贸易互通指数》等5份报告。

3. 远洋渔业蓬勃发展

青岛市远洋渔业企业发展到31家，批建远洋渔船165艘，共有10家远洋渔业企业与12个国家建立远洋渔业合作

---

① 2018年青岛市"一带一路"海洋经济与科技工作进展顺利，http：//www.sohu.com/a/293222956_99953065，最后访问日期：2019年2月22日。

项目。其中，鲁海丰马来西亚北方农渔业产业园项目获得50艘入渔许可，以及25 km² 海域及用地的建设批文和经营授权。青岛市远洋渔业作业区域实现四大洋全覆盖，预计全年捕捞产值15亿元，是2012年的50倍。

下一步，青岛市推进"一带一路"建设工作领导小组将统筹调度相关部门，增强海洋合作共识，共享海洋发展成果，打造国际海洋合作示范区和先导区。

（三）2019年海洋经济大事件[①]

在2019年，青岛海洋经济迎来大暴发，"海洋攻势"已经成为青岛经济迈向高质量发展的重要力量源泉。

（1）在战略层面接连融入国家政策。中国（山东）自由贸易试验区青岛片区挂牌、中国–上海合作组织地方经贸合作示范区青岛片区挂牌、《中国–上海合作组织地方经贸合作示范区建设总体方案》发布让青岛的发展再次踏上国家战略的节拍，展望未来，插上新翅膀的青岛海洋经济将会掀起更大的攻势浪潮。

（2）优势产业深耕突破。海工装备和生物医药两个领域保持一如既往的强劲态势，由中国海洋石油工程股份有限公司自主集成建造的海上浮式生产储卸油装置（FPSO）P70在青岛交付巴西国家石油公司，由中国海洋大学、中国科学院上海药物研究所、上海绿谷制药有限公司研发的治疗阿尔茨海默病新药宣布通过国家药品监督管理局批准。

---

① 盘点2019青岛海洋经济大事件，哪些事件与你有关，https：//qd. ifeng. com/a/20200103/7956222_ 0. shtml，最后访问日期：2020年9月7日。

（3）青岛市新旧动能转换"海洋攻势"作战方案（2019—2022年）发布。将坚决打赢新旧动能转换"海洋攻势"六场硬仗，推动青岛海洋经济高质量发展率先走在前列，把青岛建设成为具有国际吸引力、竞争力和影响力的国际海洋名城，为建设海洋强国和海洋强省做出贡献。根据作战方案，经过4年的艰苦努力，"海洋攻势"取得突破性进展。海洋产业在数量和质量上都得到提升，海洋科技创新处于世界领先地位，对外开放的桥头堡作用突出，海洋港口跻身世界一流，海洋生态不断优化，海洋文化全面振兴。到2022年，青岛市海洋生产总值将超过5 000亿元，占生产总值比重的31%以上，海洋新兴产业将占生产总值比重的16%。

（4）世界海洋科技大会在青岛开幕。2019年9月24日，由中国科学技术协会指导，青岛市政府与山东省科学技术协会共同主办的以"创新海洋科技 引领产业发展"为主题的世界海洋科技大会在青岛举行。来自中国、澳大利亚、丹麦等20个国家和地区的近百名海洋科技领域知名院士专家，以及国际组织代表、高校和科研机构专家学者、企业高管及技术代表等700余人出席大会。活动旨在搭建起高端国际海洋学术交流平台、"双招双引"平台和海洋科技成果转化平台，聚集世界海洋人才、学术、产业资源，助力青岛"海洋攻势"，推动山东海洋强省建设。在会上对外发布了《世界海洋科技大会青岛共识》。

第二节　东营市海洋经济发展概况

一、2018 年东营市海洋经济发展概况①

2018 年以来，东营市坚持"建设国际一流海洋石化产业强市、全国知名的河海生态文明强市、环渤海现代特色渔业强市目标定位"，按照"一核引领、两湾联动、多点支撑"的海洋产业发展空间布局，大力发展海洋产业，着力实施配套支撑工程，严格遵守海洋生态环境保护底线，加快建设海洋强市。3 个海洋牧场平台已经安装完毕，投资 10 亿元鲲瑛"牧渔归"项目进展顺利，黄河口大闸蟹产业发展研究院已完成主体工程，品牌价值 19.92 亿元，渔业增养殖面积 178 万亩。东营大力发展滨海化工产业，制定高端石化产业基地规划，设立石化产业发展基金，努力打造鲁北高端石化产业基地核心区域。同时，东营大力发展港口物流运输业。广利港完成货物吞吐量 300×10^4 t，东营港前三季度实现吞吐量 $3\,873 \times 10^4$ t，25×10^4 t 单点系泊项目已上报自然资源部。

东营市注重文化旅游的发展。东营市荣获全球首批"国际湿地城市"称号，并与深圳华侨城签署战略合作协议，投资黄河口旅游。2018 年前三季度共接待游客 1 050 万

① 聂金刚：东营推动海洋经济发展 目前 3 个省级海洋牧场平台安装完成，https://hsjzb.qlwb.com.cn/hsjzb/content/20181205/Artice-1A06004IP.htm，最后访问日期：2020 年 9 月 14 日。

人次，旅游消费 111.37 亿元。

二、2019 年东营市海洋经济发展概况①

2019 年 6 月 26 日，东营市委海洋发展委员会召开第一次全体会议，把发展海洋经济、建设海洋强市摆上重要位置。2019 年，东营市开工建设 70 个海洋强市重点建设项目，海洋经济发展势头强劲。

三、2020 年东营市海洋经济发展概况

2020 年东营市海洋强市建设三年行动计划共确定重点工作 24 项、重点项目 63 个，年度计划投资 68.1 亿元。截至 10 月底，重点工作、重点项目扎实推进，全部达到计划进度；项目开工 57 个，竣工 12 个，开工率 90.5%，累计完成投资 48.1 亿元。

2020 年以来，东营市有序开展海岸带生态修复，总投资 1.93 亿元的渤海综合治理生态修复项目已完成退养还滩 8 190 亩，修复岸线 4 km，播种盐地碱蓬 2.7 万亩。推进互花米草防范治理工作，目前，已完成全市互花米草摸底调查，黄河三角洲国家级自然保护区先行开展治理试验。组织河口区、自然保护区申报的"蓝色海湾"综合整治行动项目，已通过自然资源部评审，列入中央生态环保资金项目储备库。自然资源部渤海海峡生态通道野外科学观测研

① 向海而歌——东营市擘画海洋经济高质量发展，http：//www.hssd.gov.cn/xwzx/xtdt/201908/t20190826_ 2360462.html，最后访问日期：2020 年 9 月 12 日。

究站黄河口基地挂牌成立，为黄河入海口生物多样性保护、重要生态功能维持和恢复等工作提供基础数据资料与科技支撑。同时，东营市还加强海洋生物资源养护修复，严格落实海洋伏季休渔、黄河休渔等制度，加强全市 1 349 艘渔船的停港管理。做好水生生物增殖放流，共争取各级增殖放流资金 3 191 万元，增殖放流中国对虾、梭子蟹等优质苗种 20.5 亿单位。①

四、海洋强市建设三年行动计划实施概况

随着海洋强市建设三年行动计划的深入实施，东营市高质量发展步入更加宽阔的天地，传统动能加快改造，新动能不断蓬勃成长，一批现代特色海洋产业开始崛起，特别是 65 个重点项目完成投资 30.2 亿元，推动海洋渔业稳步提升、海洋装备制造业加快发展、海洋生物医药产业逐步起势，特色海洋港口建设加快推进。近 3 年，东营市海洋生产总值占 GDP 比重提高近 7 个百分点。②

---

① 李怀苹：盘点 2020 | 乘风破浪向深蓝！东营市 2020 年海洋强市建设综述，http：//www. dongyingnews. cn/topic/system/2020/11/26/010742591. shtml，最后访问日期：2021 年 6 月 10 日。

② 蔡文龙：大潮澎湃起 扬帆正当时——东营市加快建设现代海洋强市工作纪实，http：//k. sina. com. cn/article ＿ 1893761531 ＿ 70e081fb0200262zh. html，最后访问日期：2021 年 8 月 3 日。

第三节　烟台市海洋经济发展概况

一、2018 年烟台市海洋经济总体情况[①]

2018 年，烟台市主要海洋产业产值实现 3 814.1 亿元，增长 11.8%，实现海洋生产总值 2 241.1 亿元，增长 11.5%。其中，海洋经济发展动能加快转换，海洋产业结构日趋优化。

烟台对接海洋强国、海洋强省战略，聘请国内顶尖专家团队，在全国率先编制出台《烟台海洋强市建设规划》，经市政府批复并正式印发，被业内专家誉为全国第一个海洋强市规划。积极争取国家和山东省海洋产业政策、示范试点和项目的支持，引导海洋经济发展向绿色创新发展，支持海洋牧场、水产种业和深远海养殖等项目建设。

为加强对海洋经济的监测评估，烟台市建立了龙头企业在线监测业务化运行，率先实现了逐月统计分析，成为全国唯一实现海洋主要产业统计常态化的地级市，有效提高了产业分类指导的科学化和前瞻性。

海洋经济结构进一步优化，烟台市三大海洋产业结构从 2017 年的 10：48.9：41.1 优化至 2018 年的 9.2：47.2：43.6。

---

① 孙宗顺、张山、孙利东、王宏亮：烟台海洋经济发展动能加快转换 2018 年大海掘金 2241.1 亿元，http://www.jiaodong.net/news/system/2019/03/14/013837042.shtml，最后访问日期：2020 年 3 月 14。

二、2019 年烟台市海洋经济大市建设概况①

2019 年，烟台市深入贯彻落实习近平总书记关于经略海洋的重要指示，坚持党总揽全局、协调各方，按照省委、省政府的部署要求，开拓创新、狠抓落实，海洋经济大市各项工作取得积极进展。

组建海洋发展委员会，坚持党统领海洋经济发展。烟台市在山东省率先召开三次海洋委工作会议，研究制定海洋经济大市发展意见等，整体谋划、群策群力，稳步推进海洋经济大市建设工作。有序推进山东省委海洋委落实在烟台的 53 个重点事项，确定 26 项工作任务，倒排工期，严格完成时限，全部任务序时完成率 100%。烟台市下辖 14 个县市区全部第一时间成立党委领导的海洋委，海洋工作组织领导体系建设速度和健全程度在山东省领先。

优化海洋经济空间布局，着力构建"一带三区"。东部海洋经济核心带领先发展。芝罘区积极对接烟台市 6 个突破主攻方向，完备产业体系，为烟台市海洋经济 GDP 增长做出巨大贡献。开发区突出抓好"三点一线、四大行动"，逐步建设成为烟台市海洋科技创新和对外开放新高地。莱山区海洋生态文明与经济发展互融互促，积极打造海洋发展典范区。牟平区坚持"一张蓝图"规划，集中力量"突破六大战略"，有效开创高质量发展新局面。高新区聚焦海

---

① 烟台海洋经济大市建设呈现新局面 预计 2019 年海洋经济增长率 10.7%，http：//www.hssd.gov.cn/xwzx/xtdt/202002/t20200225_2584998.html，最后访问日期：2020 年 8 月 18 日。

洋新兴产业发展，海洋经济发展速度全市领先。福山区完成海洋委的建章立制、开篇布局等工作，为海洋经济发展奠定了扎实基础。北部休闲度假和装备制造产业集聚区、西部临港临海和高端产业集聚区、南部渔业和旅游文化产业集聚区协同发展。长岛获批国家"绿水青山就是金山银山"实践创新基地，海洋生态文明综合试验区建设取得重大进展。龙口市明确发展路径，把握一条主线，聚焦五大重点，海洋经济发展贡献率稳步提升。莱州市大胆创新，在海洋牧场与风电产业融合发展方面取得显著成效。招远市发起"三大蓝色攻坚战"，全面启动海洋攻势。海阳市、莱阳市、栖霞市等陆续出台支持海洋经济发展的实施意见，海洋新能源产业发展迈出坚实步伐。

加强对外交流合作，进一步搞活海洋经济。举办医药创新发展国际会议、中英海洋科技交流合作论坛、世界工业设计大会、装备制造业博览会等会议会展，积极推介展示烟台海洋经济发展成果。在海阳成功实现我国固体运载火箭首次海上发射，"中国东方航天港"项目建设加快推进。启动近3年来全国非远洋渔业企业唯一获批的远洋渔业捕捞项目——开发区与塞拉里昂渔业合作项目，标志着烟台市远洋渔业取得新的发展。

三、烟台市"十三五"海洋经济发展及"十四五"展望

（一）"十三五"海洋经济发展情况①

（1）现代渔业走在全国全省前列。烟台市集中打造莱州湾、庙岛群岛、四十里湾、丁字湾4条海洋牧场发展带，亚洲最大的海洋牧场建造项目——"百箱计划"正式启动，"长鲸1号""长渔1号""耕海1号"等一批多种类型现代化海洋牧场综合体示范工程投入运营。海工装备制造业优势更加突出。中集来福士建造的大国重器"蓝鲸1号""蓝鲸2号"在南海顺利完成两轮可燃冰试采任务，将我国深水油气勘探开发能力带入世界先进行列；为挪威船东建造的全球最大最先进的三文鱼深水养殖工船交付使用，达到全球最严格的挪威石油标准化组织标准。

（2）海洋生物医药产业发展良好。烟台市正在研究海洋生物新药10种，生物医药产业集群已被列入国家级战略性新兴产业集群。培育了绿叶制药、东诚药业、瑞康医药、荣昌制药等多家生物医药领军企业，推动重大疾病防治药物的原创创新，成为中国北方重要的生物"药谷"。

（3）规模化发展海洋交通运输业。烟台市港口货物吞吐量达3.86亿吨，居全国沿海港口第8位，是国内第五大商品车物流贸易港。烟台港40万吨级码头获准投产，成为

---

① 邬勇、许加薇：1808亿！"十三五"期间烟台海洋经济居全国沿海地级市前列，https：//baijiahao.baidu.com/s？id＝1685764225371501141&wfr＝spider&for＝pc，最后访问日期：2021年6月14日。

中国第五个能够停靠 40 万吨级船舶的港口。中铁渤海轮渡发展成为全国最大的铁路轮渡企业。

（4）高端化发展海洋文化旅游。海洋文化旅游产值突破千亿元。成功举办了国际海岸生活节、全国放鱼日主会场活动、世界海参产业博览会（获授永久举办地）、2020年海洋经济高质量发展大会、全国医养结合工作现场会等特色活动。

（5）海水淡化和海水综合利用加快发展。莱州华电、开发区八角电厂、海阳核电、长岛海岛海水淡化等 17 个项目已投产，海水淡化能力达 7.89×10^4 t/d，居山东省第二位。

（二）"十四五"海洋经济展望①

"十四五"期间，烟台市将更加注重经略海洋，积极拓展海洋经济发展空间，加强海洋资源开发保护，提高海洋产业结构层次。

在海洋产业的空间布局方面，烟台将突出"一核"引领、"两翼"突破、"七湾"联动。

"一核"是指以烟台市城区为空间载体，集中布局新产业、新技术、新业态、新模式等"四新"经济，兼顾海洋科教服务、滨海文化旅游、港口航运服务等海洋服务业，统筹建设烟台海洋高质量发展核心区。

"两翼"是指以黄海丁字湾沿岸和渤海莱州湾沿岸为两翼，通过陆海联动、双向拓展建设烟台市海洋经济带，对

---

① 王晶：没想到，这个地级市的海洋经济这么强！https://www.sohu.com/a/459280134_120051692，最后访问日期：2021 年 6 月 14 日。

接胶东经济圈及环渤海经济圈建设，形成"核心带动、双向突破、两翼齐飞"的烟台海岸带发展格局，促进全市陆海经济协同发展。

"七湾"是指联动以芝罘湾、套子湾、龙口湾、四十里湾、蓬莱湾、太平湾、丁字湾7个海湾为主要空间载体，以临港产业基地和现代产业园区建设为核心，突出海湾与岛屿集聚、海陆一体，大力发展湾区经济，围绕现代渔业、海洋旅游、港口物流、船舶与海工装备制造、海洋化工等重点海洋产业发展，构建南北海岸互通、东西湾区互动、海陆产业互补的陆海发展新格局。

第四节　潍坊市海洋经济发展概况

一、2018 年潍坊市海洋经济发展概况[①]

2018 年潍坊市加快发展海洋经济，建设海洋强市，在以下方面实施有力举措。

（一）坚持科学管理海事事务，在综合协调海事事务中
　　　发挥担当作为

提高海洋综合管理和协调能力，加强海洋基础调查、海洋空间管理与控制等涉洋事务的统筹协调，参与国家和

---

① 我市全力打造海洋高质量发展战略要地，潍坊滨海海洋经济新区建设推进办公室网站 http：//xqb. weifang. gov. cn/xwdt/201809/t20180921_ 5075895. htm，最后访问日期：2019 年 3 月 14 日。

山东省"智慧海洋"工程建设,使海洋决策更加科学化和智能化。进行了首次海洋经济调查,查明全市的海洋"家底",提高海洋空间资源综合利用能力,严格执行海洋功能区划和规划,对围填海和海岸线开发实行最严格的管控,实行海域有偿使用制度,将海域使用金征收管理纳入征信系统;提高综合海上执法能力,开展"海盾""碧海"等专项执法行动,全力管控渔船,维护渔民群众利益;强化海洋应急服务能力,开展了海洋灾害灾情库、风暴潮灾害重点防御区试点,在沿海重大工程中建立了海洋灾害风险评价制度,为经济社会发展服务。

（二）坚持科技兴海,在创新驱动发展上担当作为

在海洋生物医药、海洋装备、海水综合利用、海洋新材料等重点领域构建涉海创新平台。加快高新区滨海产业园国家级科技兴海示范基地建设,支持滨海区整体创建国家科技兴海示范基地;重点解决企业、高校、科研院所之间缺乏及时、准确、顺畅的联系等问题,加快建立一体化协同创新模式,促进更多海洋科技成果落地转化。加大对现有6个省级海洋工程技术协同创新中心平台的支持力度,加强与中国海洋大学、中国科学院海洋研究所等重点高校和国家级海洋科研机构的对接,努力构建2~3个新的产学研合作平台。建设海洋产业人才队伍,巩固海洋产业发展的智力支撑。引导驻潍坊高校加大海洋学科建设力度,支持海洋职业院校通过校企共建等方式加强培训基地和实习基地建设,培养更多的应用型、技能型和复合型的海洋人才。

（三）坚持产业强海，在发展现代海洋产业体系中担当作为

为促进海洋产业发展与协调，举办"2018 海洋动力装备博览会"，展示潍坊市海洋动力装备产业的优势，搭建新产品、新技术和新成果的合作交流平台。全力服务海洋项目建设，重点抓好海洋新兴产业、海洋生态项目、渔业油价补助争取工作，落实 40 个国家海洋经济创新发展区域示范项目。培育和壮大海洋新兴产业，集中力量支持海洋高端装备制造、海洋生物医药、海水淡化和综合利用、海洋新能源、新材料等产业发展，力争未来 5 年海洋新兴产业增加值年均增长 20% 以上。做优做强传统产业，建设现代远洋捕捞船队，推动海外远洋渔业综合基地建设，提高产品运回和加工增值能力。加快渔业养殖结构调整，加强优良种质资源引进和良种培育，未来 3 年主导品种养殖良种覆盖率达到 90% 以上。

二、2019 年潍坊市海洋经济发展概况[①]

2019 年，潍坊市积极推进海洋强市建设。联合制定了《潍坊海洋强市建设行动方案》，实施海洋科技创新引领等八大工程。研究制定了《2019 年市委海洋发展委员会工作要点》，从 8 个方面规划了 25 项具体任务。明确了任务目标、责任单位和责任人，建立了工作台账，促进工作落实。

---

① 潍坊市加快推动海洋经济高质量发展，http://weifang. sdnews. com. cn/wfxw/201912/t20191204_ 2647066. htm，最后访问日期：2020 年 7 月 19 日。

目前，100 个海洋强市项目建设已取得扎实进展。

主动走出去、引进来，"双招双引"和对上项目争取成果丰硕。引进了中国科学院大学中丹（山东）中心项目，投资了海洋生态修复示范工程和"一带一路"职业人才培养基地等项目。引进北京中潞福银投资有限公司山东新旧动能转换基金 50 亿元，支持海洋生态建设和海洋产业发展。引进全国最高端的福建福清贝类养殖技术团队，建设潍坊贝类绿色生态养殖全产业链。加快建设国家级对虾遗传育种中心，首期投资 4.6 亿元。加大对上资金争取力度，共获得 4.18 亿元，其中"海上粮仓"、渔业基础设施、海洋牧场综合试点项目等重点项目共获得上级扶持资金 1.33亿元，极大提高了潍坊市现代渔业的发展水平。

成功举办首届潍坊海洋动力装备博览会。2019 年 8 月，潍坊市举办了首届潍坊海洋动力装备博览会，签约项目 17个，总投资 158.25 亿元，进一步提升了潍坊海洋动力装备的品牌知名度，对促进潍坊市制造业转型升级起到了积极作用。同时，积极助推签约项目落地落实。已开工 10 个项目，到位资金总额达 9.3 亿元。

海洋生态保护取得显著成效，生态环境得到极大改善。全面落实"两督察一审计"整改工作，牵头 24 项整改任务全部完成并销号。在理念、科技、机制、模式等方面推进"四个创新"，积极引进丹麦、挪威等北欧国家海岸带修复先进技术，解决盐碱地绿化问题。环渤海综合整治工程深入实施，组织编制潍坊市渤海综合治理攻坚战生态修复实施方案。

三、潍坊市"十四五"海洋产业发展思路①

坚持重点突破，构建现代海洋产业体系。实施"4+2+1"海洋产业升级工程，集中培育海洋装备、生物医药等四大优势海洋产业，改造升级海洋渔业、海洋化工等两大传统海洋产业，在发展海洋文化旅游方面取得突破性进展。实施"7+10"海洋特色公园培育工程，在抓好 7 个省级海洋特色园区的基础上，再选择 10 个海洋特色园区进行重点培育。建立海洋产业重点项目库，确保在建或新建 100 个左右海洋产业项目，力争一批项目列入国家和山东省的"盘子"，形成梯次发展格局。制定潍坊市海洋经济"十四五"发展规划，制定出台潍坊市加快海洋新兴产业、现代化海洋牧场发展实施意见，加快建设"透明海洋""蓝色大健康"、海洋牧场和海洋大数据等重大支撑项目。

第五节　威海市海洋经济发展概况

近年来，威海大力推动海洋经济一、二、三产业融合发展，成功创建全国现代化渔业示范区、中国远洋水产品加工与冷链物流基地、中国休闲渔业之都、国家海洋高技术产业基地，入选国家海洋经济创新发展示范城市和国家海洋经济发展示范区。

---

① 潍坊市海渔局党组书记、局长李承源：高点站位 超前谋划 推动海洋经济高质量发展，http://weifang.iqilu.com/wfyaowen/2021/0202/4770640.shtml，最后访问日期：2021 年 6 月 2 日。

一、2018 年威海市海洋经济发展概况①

2018 年，紧紧围绕威海市委市政府决策部署，以建设海洋强市为中心，创新体制机制，强化工作措施，全面加强党的建设，全面推进渔业新旧动能转换，全面加强海洋综合管理，威海市海洋与渔业保持健康稳定发展。预计全市水产品产量 $258×10^4$ t、渔业经济总产值 1 450 亿元，分别同比增长 0.3% 和 3.5%。

（一）全面推进渔业新旧动能转换，加快现代渔业高质量发展

（1）压缩近海捕捞。持续开展减船转产，压缩近海捕捞产能 $1.8×10^4$ kW。

（2）稳固远洋渔业。实施 16 个专业远洋渔业项目，获批 4 艘南极磷虾船网工具指标，完成 6 艘远洋渔船更新改造，新增 4 艘远洋渔船，专业远洋渔船达到 365 艘，沙窝岛国家级远洋渔业基地和加纳、乌拉圭等境外远洋渔业基地加快建设，预计威海市远洋渔业实现产量 $36×10^4$ t、产值 44 亿元，持续平稳。

（3）提升海洋种业。加快海洋生物遗传育种中心、乳山三倍体牡蛎育苗及研发中心建设，成功培育出三倍体牡蛎、黑壳牡蛎、金牡蛎幼苗；绿色马面鲀工厂化育苗技术

---

① 威海市海洋与渔业局 2018 年工作总结，http://zfxxgk. weihai. gov. cn/xxgk/jcms_ files/jcms1/web20/site/art/2018/12/1/art_ 957 _ 342130. html，最后访问日期：2019 年 1 月 2 日。

取得突破，实现规模化生产；孔鳐实现国内外首次规模化人工育苗，海参、大菱鲆、牙鲆、鲍鱼、扇贝、凡纳滨对虾等新品种选育工作有序开展。新获批 1 个国家现代种业提升工程项目，获国家补助资金 1 002 万元，加快 2017 年度 19 个水产良种项目建设，完成 5 个项目验收。

（4）扩大海洋牧场优势。加快编制市、县两级《水域滩涂养殖规划》，全面科学规划海水养殖业。新增 9 个省级海洋牧场示范项目，威海市省级以上海洋牧场示范项目总数达到 27 处，占全省 30%，数量最多。建成 3 处海洋牧场展示厅、监控室和 1 处海上休闲平台，新开工建设 70 多个深水网箱，进一步提高了海洋牧场装备化和信息化水平。增殖放流超过 20 亿单位，预计威海市海水养殖产量达到 169×10^4 t、产值 230 亿元，分别同比增长 1.1% 和 0.8%。

（5）突破休闲渔业。新增 6 处省级休闲海钓场，总数达到 22 处，新增 1 处省级内陆休闲渔业公园，总数达到 2 处。加快 13 处休闲渔业公园建设，威海市休闲渔业再获 8 个国字号品牌，制作"钓鱼还是来威海"MV 并广泛宣传，提升了休闲渔业在国内外的知名度，获评全国唯一的"中国休闲渔业旅游魅力市"。威海市休闲渔业实现产值 95 亿元，同比增长 15.1%。

（二）全面加强科技和品牌支撑，加快提升创新发展能力

（1）加快国家海洋经济创新发展示范市建设。组织实施了 24 个产业链协同创新项目、9 个产业公共服务平台项目、4 个产业孵化集聚创新项目，将充分发挥 3 亿元中央资

金导向及支持作用，推进海洋生物和海洋高端装备产业发展体系构建。

（2）加强科技创新平台建设。国家浅海综合试验场一期通过国务院批复，成功争创南海新区、好当家两处省级科技兴海产业示范基地，持续推进牙鲆、大菱鲆良种选育等 18 个省级海洋工程协同创新中心和迪沙集团山东省海洋多糖、寡糖创新研发及高值化应用等 9 个公共服务平台建设，集中开展海洋活性物质提取等 15 项技术攻关，科技创新能力不断增强。开展专题调研，提升海洋与渔业安全应急指挥中心运营层次，加快推进海洋大数据中心建设。

（3）加强品牌建设。组织举办了 3 次牡蛎文化、高峰论坛等活动，在市民网设立"优品威海"宣传推介平台，对获得"山东名牌产品"海产品企业进行宣传培育，开展了电视、报纸等传统媒体及微信、微博等新媒体"威海刺参""乳山牡蛎"等区域品牌宣传推介，全面推介行业品牌。

(三) 全面增强科学管海用海能力，加快提升海洋生态
　　　文明水平

（1）加强海洋生态保护。制定实施《威海市海岸带保护条例》，引领全国海洋环境保护地方立法实践。编制《威海市湾长制工作方案》，对威海市 27 个主要海湾实行最严格的保护措施。重点做好中央环保督察和国家海洋督察反馈问题整改，严格海洋执法监察，严控围填海项目，检查海洋工程建设项目 225 个，清理非法养殖设施 1 364 亩，威海市无新增围填海项目和围海养殖，自然岸线保持零占用。

开展围填海现状调查，调查图斑 3 195 个，全面摸清了围填海现状家底，为解决历史遗留问题创造条件。加强海域资源市场化配置，挂牌出让市区海域 4.77 万亩。采取多种途径追缴海域使用金 2 514 万元，有效规范了海域使用秩序。

（2）加强海洋生态修复。编制《威海市海岸线资源保护三年行动方案》，深入推动海岸线资源保护与修复。逍遥港"蓝色海湾"项目建设工程全部完工，获评国家蓝色海湾行动示范工程。刘公岛、海驴岛等 5 个岛屿成功列入全国"生态岛礁"整治工程项目库，其中刘公岛项目已完成工程建设，还有 5 个近岸海域海岛海岸整治修复初步设计方案（变更）获得批复。

（3）加强海洋垃圾防治。联合威海市环保局等部门出台《威海市近岸海域污染防治实施方案》，加强海陆污染防控，推进中美海洋垃圾防治合作，开展世界海洋日宣传活动，加快实施 24 项重点工程，持续开展 17 个断面的海洋垃圾监测和 4 条河流的流域入海垃圾监测，市区陆源入海排污（河）口监测评价率 100%，海洋垃圾防治机制不断完善。

（4）加强海洋监测减灾。威海市充分发挥市、县两级海洋观测预报力量，开展 10 余项监测任务和 30 余宗建设项目监视监测，获得各类监测数据 2 万余个，发布各类预报产品 1 200 期，修编《威海市海岸带图集》，完善海洋灾害应急预案，稳步提升海洋监测减灾水平。

（四）全面加强渔船管控，海上安保形势持续稳定

（1）严格制度措施。完善渔船渔港包保责任制、依港

管船等管控措施，落实包保责任人1 400多名，联合边防、镇街成立55个驻港监管组，实施24小时盯防，健全了市、县、镇三级管控网络。

（2）严查违法行为。大力打击非法跨界作业、乱捕乱养、乱填乱建、违反伏休管理等违法行为，坚决清理非法渔具，完成海洋涉渔三无船舶清理整治行动，查获违法渔船近500艘、违禁渔具近2.6万套，处置"三无"渔船2 523艘，全面有效规范了捕捞行为。在山东省率先建立完善行刑衔接和重大案件联席会审机制，移送涉嫌刑事犯罪案件16起、刑事拘留55人，有力提升了执法震慑力。加强对违法失信渔船联合惩戒力度，累计发布26艘休渔违法渔船的失信信息。

（3）严格涉外渔业管理。落实每日报进报出、渔船"点名"和越界提醒等制度，对涉外违规渔船实施严厉制裁，构成犯罪的依法追究刑事责任，威海市没有发生严重涉外违规事件。

（五）全面加强安全监管，渔业安全生产形势持续稳定

（1）狠抓监督检查。开展渔业安全生产"大快严"等4次全覆盖大检查行动及4次重大活动期间渔船安全督查，实施渔业主管部门及执法机构负责人带队进港、出海、登船检查制度，推进常态化的包区市督查，共检查渔港、渔船、生产企业超过1.6万个（次），查改安全隐患520处，有效减少了渔业安全生产事故。

（2）加强信息化建设。开发完善北斗实时点名、电子围栏、近岸海域雷达监控、高风险区域警示等系统，安装

渔港监控探头 260 余个，累计完成 3 000 余部北斗终端、2 400余台 AIS 终端和 960 部 CDMA 渔船通导与安全装备的更新换代，全面提升了技术防控水平。

（3）强化应急救援。严格领导带班和 24 h 值班制度，对渔船动态进行全天候监控，发布预警和禁渔禁航信息超过 280 期，开展应急演练 42 场次，组织指挥和参与救援行动 19 起，救助渔民 47 人。

（4）加强宣传培训。开展了渔业安全生产宣传教育"七进"、商船渔船安全警示教育等 4 次活动，受教育 3 900 余人，举办监控系统实操培训班、渔业安全生产培训班等，培训 170 余人次，有效提升了社会渔业安全生产意识和从业人员专业技能。

（5）强化水产品质量监管。加大抽查和普查力度，开展水产品质量追溯试点建设，完成 899 批次监测任务，查处 1 起违禁药物超标案件，合格率达 99.6%，全省第一，有效确保了水产品质量安全。

同时，成功举办了 2018 "蓝碳倡议"国际会议和 2018 年第七届世界海洋大会，吸引了 50 多个国家和地区的知名专家学者、企业代表等前来参会，在国际上有力地发出了"威海声音"，助力打造创新型国际海洋强市。组织成立第二届威海市渔业协会，真正切实发挥好行业协会推动渔业转型升级的重要作用。全面加强与威海电视台海洋频道合作，全年制作播放各类海洋与渔业节目 500 余期（次）。建立威海蓝色发布公众号，组织开展"打造创新型国际海洋强市，我们在行动"系列宣传活动，全面宣传推动威海市海洋强市建设，引起社会高度关注与强烈反响。全面提升了海洋与渔业事业发展的后劲与活力。

二、2019 年威海市海洋经济发展概况

2019 年，威海市实现海洋生产总值达到 979.53 亿元，增长 9.1%，占 GDP 的 33%。①

2019 年以来，威海市政府就如何设计创新型国际海洋强市实施路径进行了深入研究论证，通过总结过去、分析当前、思考未来，结合威海市海洋经济发展的实际情况，借鉴国内外实践经验，提出规划建设威海市国际海洋科技城的设想。威海国际海洋科技城规划基本思路是在具有现实优势和发展潜力的重点区域，突出主导产业和集聚创新资源，优化产业生态，融合创新链、产业链和价值链，打造优势产业集群，实现海洋经济空间布局的整体优化和高质量发展。与其他城市相比，威海科技城更加注重全域的统筹，更符合威海的现实基础和未来发展远景。威海国际海洋科技城总体规划思路是"一城三核、科技引领，多区布局、链式贯通，条块联动、全域覆盖"。北部以国家浅海综合试验场为核心，建设远遥浅海科技湾区。东部以威海海洋高新技术产业园为核心，建设海洋生物产业引领区；南部以蓝色碳谷为核心，建设海洋新经济先导区。北部板块为远遥浅海科技湾区。具体范围是指葡萄滩-双岛湾的沿海区域，由东到西，分别覆盖葡萄滩、金海滩、小石岛滩和

---

① 全国人大代表、威海市委书记张海波：发展海洋经济，为建设海洋强国贡献力量，http://www.weihai.gov.cn/art/2020/5/24/art_58817_2323461.html，最后访问日期：2020 年 8 月 18 日。

双岛湾，区域岸线约 70 km，适当向南北两侧延伸，向经区和临港区拓展，是海洋科技城智慧海洋创新资源最密集的一个板块。主要发展海洋智能装备、海洋高端装备、海水淡化与综合利用、海洋可再生能源等知识密集型产业。北部板块的核心是国家浅海综合试验场，是目前国内唯一在建的综合性试验场，主要有海上试验（固定试验、漂浮试验、移动试验、海底试验）、对海观测试验（海洋背景观测和海洋目标探测）、海洋定标（卫星遥感空间基准校准）三大功能，建成后，将形成国内领先的海洋装备环境适应性及可靠性测试服务的能力，成为全国海洋装备科学研究、成果孵化和产业转化的新引擎。东部板块定位为海洋生物产业引领区。具体范围是指荣成市沿海，特别是东部、南部一带，向威海主城区和文登方向辐射，区域岸线近 300 km，是海洋科技城生物资源、研发机构、龙头企业最密集的一个板块。主要发展绿色养殖、远洋渔业、渔港经济、海洋食品、海洋医药与生物制品等产业，旨在打造国家级乃至世界级、有竞争力的海洋生物产业集群。东部板块的核心是威海海洋高新技术产业园。主要建设海洋生物技术创新中心、孵化中心、创业服务中心和海洋生物梦工场等创新平台，以前沿高新技术为先导，构建"科技研发+人才服务+企业孵化+产业加速"的完整创新链条，打造以海洋生物科技为特色的海洋科技产业体系。南部板块定位为海洋新经济先导区。具体范围自东向西，涵盖文登、南海及乳山市沿海区域，海岸线长约150 km，是海洋科技城生态环境最好、承载能力最强的一个板块。主要发展海洋碳汇、现代种业、海洋新材料、海洋新能源等海洋新经济，培育海洋经济发展的新模式和新业态，打造海洋新兴产业的策源地。南部板块的核心是蓝色碳谷。由南海新区蓝色创业谷、北京高新威海科创城、宝能海洋未来科技城、石墨烯技术研究院等组成。主要面向未来、高端和融合，建设研发创意、生态环保、商业服务等基地，运用互联网、大数据、云计算、区块链等技术，培育新模式、新业态，发展海洋未来产业。通过建设国际海洋科技城，威海海洋经济将继续保持两位数的快速增长，到 2025 年海洋生产总值将达到 1 750 亿元，占 GDP 的 40%以上。①

三、《山东威海海洋经济发展示范区建设总体方案》简介②

2018 年，国家发改委、自然资源部联合下发关于建设海洋经济发展示范区的通知，支持 14 个海洋经济发展示范区建设。山东省两个，分别是威海和日照。2019 年，经山东省政府同意，省发改委、省自然资源厅、省海洋局正式印发了《山东威海海洋经济发展示范区建设总体方案》。

《山东威海海洋经济发展示范区建设总体方案》分前言及 8 个章节。"前言"部分，明确以荣成市为主体创建国家

---

① 于涵：一城三核 全域发展 威海国际海洋科技城描绘海洋经济发展新蓝图，https：//baijiahao.baidu.com/s？id = 1667027495879205719&wfr=spider&for=pc，最后访问日期：2020 年 8 月 18 日。

② 威海市广播电视台：重磅！威海将建设国家级海洋经济发展示范区 | 正式印发《山东威海海洋经济发展示范区建设总体方案》，https：//www.sohu.com/a/333794508_ 726570，最后访问日期：2020 年 8 月 18 日。

海洋经济发展示范区。

第一章为发展条件与重要意义。威海市创建示范区具有区域与资源条件优越、海洋产业基础良好、科教兴海深入实施、基础设施完善、改革开放成效明显、海洋生态环境持续优化等 6 项优势。

第二章为总体思路。坚持"规划引领，海陆统筹""挖掘特色，培植动能""全链发展，融合共享""自主创新，先行先试""生态优先，绿色发展" 5 项原则。

第三章为发展目标。结合国家部委批复的主要任务，从海洋经济发展水平、生态环境保护、海洋科技创新、海洋公共服务体系、海洋基础设施建设等 5 个方面，制定了海洋产业增加值增速、节能环保投资占财政支出的比重、省级以上科技创新平台、预警预报频次、港口规模等级等 20 项指标。

第四章为优化空间布局。示范区总面积 148 km^2，依托荣成市南部、东部、北部 3 个区域，形成"一核两带"的示范区总体布局。

"一核"即示范区核心区域、示范区位于峨石山路以南，西起靖海湾、东接石岛湾，包括威海（荣成）海洋高新技术产业园、国家远洋渔业基地示范功能区、现代渔业示范功能区、海洋运输物流及装备制造示范功能区、水产品精深加工及冷链物流示范功能区"一园四区"。

"两带"之滨海休闲旅游带位于示范区北部，整合岛、湾、滩、湖、海、山、鸟等资源，布局文化会展区、高端养生度假区、生态观光区、海洋运动休闲区、自然景观区和鸡鸣岛等"五区一岛"。

"两带"之海洋牧场区位于示范区东部，以桑沟湾和爱莲湾为两翼，南北扩展，形成新型、生态、高效、高产的海洋牧场养殖及加工模式。

第五章为重点产业发展路径。按照国家部委批复，对主要任务的发展路径做了相应的谋划。例如，发展综合性远洋渔业，实施"船队+基地"发展模式，加快现代远洋渔船研发制造，在沙窝岛建设国家级远洋渔业基地，鼓励企业在主要作业海域沿岸国家和地区建立海外渔业综合基地，建立国内外远洋渔船母港。

第六章为强化产业支撑。通过突破发展涉海商务服务业和涉海金融服务业，搭建海洋科技创新平台，巩固海洋科技人才支撑，强化生产性服务业和海洋科技创新对重点任务、重点产业的支撑和保障。

第七章为促进海陆统筹。加强海洋生态文明建设，强调"全面从严管控围填海活动"，继续做好海洋生态环境保护与修复、海陆环境联防联治等。

完善海洋公共服务体系，加强对入海排污、陆源排污、海洋水质、海洋水文气象等方面的监测、评估和跟踪。

统筹海陆基础设施建设，提升渔船通信、管理信息化水平，推广远程监测技术，探索打造国家海洋碳汇交易中心，进一步提升交通、港口、园区的载体作用。

第八章为保障机制。重点突出组织领导机制、要素保障、产业支持政策、管理体制机制、市场培育机制5个方面的创新。明确荣成市主体责任，建立部门联动机制，提出研究出台相关支持政策，通过各类资金优先向示范区倾斜，推进土地集约利用和合理开发，引进海洋产业领军人才和创新人才等方式，支持示范区推进发展远洋渔业、建设海洋牧场、转型升级传统渔业、壮大海洋生物医药，扎实推进各项工作开展。

四、威海市"十三五"海洋经济发展概况①

威海市近 5 年来先后被批准为"国家海洋生态文明建设示范区""国家海洋高技术产业基地试点市""国家海洋经济创新发展示范城市""国家海洋经济发展示范区"和"国家水产养殖绿色发展示范区"，是全国唯一获得海洋领域 5 个国家级试点示范的城市。威海聚焦海洋生物产业和海洋高端装备产业，实施产业链协同创新和公共平台，产业孵化集聚等项目 32 个，海洋生物多肽提取、贝类骨科新材料、水下自主航行器、海洋工程装备碳纤维等关键技术取得了重大突破，海洋战略性新兴产业年增产值 13%以上。

"十三五"以来，威海市海洋生产总值年均增长 9.3%，占全市地区生产总值的 33.1%，成为推动全市经济发展的重要引擎。海洋产业结构继续优化，三次产业比重优化调整为 21.2∶36.4∶42.3。

数据显示，威海市年产海产品超过 $270×10^4$ t，居全国地级市之首。威海（荣成）海洋高新技术产业园已成为北方唯一的海洋生物科技产业专业化园区。海洋食品产业是全国最大的，金枪鱼和鱿鱼等单品的精深加工能力是亚洲

---

① "十三五"期间，威海市海洋综合实力显著增强，http：//www. sd. xinhuanet. com/sd/2020-12/29/c_ 1126921966. htm，最后访问日期，2021 年 7 月 1 日。

最大的。

5 年来，威海市远洋渔船已达 361 艘，占全省的 67% 和全国的 14%。建立省级以上海洋牧场 31 个：海带产量居全国第一位，海参、鲍鱼产量居全国第二位，牡蛎产量居全国第三位，先后获得中国海洋食品名城、中国海参之都、中国海带之都、中国牡蛎之乡、中国海鲜之都等称号，被评为"中国休闲渔业之都"，是全国最大的海产品精深加工基地。

第六节　日照市海洋经济发展概况

一、海洋经济"七大攻坚行动"①

日照市海洋发展局着力落实"七大攻坚行动"和"两大服务保障"，推进重点工作，积极推动海洋经济高质量发展。

（1）开展海洋强港建设用海攻坚行动。加强用海政策研究，为港口建设和发展争取用海保障，积极协调重点项目用海服务。妥善处理围填海历史遗留下来的问题，盘活现有的围填海资源存量。优化海域资源配置，制定出台海域使用权招拍挂实施意见。

（2）开展海洋产业项目招引攻坚行动。依托市级海洋

---

① 孙安然：日照推动海洋经济高质量发展 开展七大攻坚行动，http://www.mnr.gov.cn/dt/hy/202004/t20200424_2509757.html，最后访问日期：2020 年 10 月 18 日。

特色产业园，实行"海洋产业专班+专业人才+专业园区+骨干企业"招商模式，加强现代海洋产业"双招双引"考核。制定了海洋产业指导目录，围绕海洋生物医药、海洋高端装备、海洋新能源等新兴产业，服务区县和园区精准招引。

（3）开展海洋新兴产业培育攻坚行动。实施"苗圃培育"计划，用好海洋产业支持资金，培育支撑海洋经济发展的中坚力量。制定出台《关于支持海洋新兴产业发展的意见》，进一步推进海洋经济示范区建设，形成可推广、可复制的经验。

（4）开展现代化海洋牧场建设攻坚行动。提高海洋牧场绿色发展水平，建设智慧型海洋牧场，积极拓展海洋牧场功能，实施陆海接力，建设集生产、观光、渔业、餐饮、娱乐、文化、科普等于一体的现代化渔业综合体。

（5）开展好海岸带整治保护攻坚行动。以保护日照最宝贵的海岸带资源为主要职责，筑起坚实的"蓝色屏障"。加强海岸带管理的刚性约束，开展海岸带整治行动。开展滨海沙滩资源保护性研究，建立长效的沙滩管理和保护制度。开展渔港环境综合整治。

（6）开展海区综合治理攻坚行动。提高专项执法能力，加强滨海湿地保护，严格管控围填海造地，加强海岸线巡查和执法。加强海洋综合管控合力，提升渔业安全监管力。加快智慧海洋建设，形成一体化海洋信息系统，促进海洋数据共享。加强海洋防灾减灾能力建设，编制实施《日照市海洋灾害综合应急预案》，加强事故预防和应急处置。

（7）开展日照市海洋与渔业研究所深化改革攻坚行动。

加快重点项目建设，优化研究所的布局和工作职能，建设集海洋科学普及、科技创新、种苗繁育、休闲体验、工厂化养殖为一体的现代渔业科技园区。

同时，"两大服务保障"包括搭建共享平台、聚集要素保障；加强组织领导，聚集合力保障。积极搭建校企合作平台，政府、银行、企业对接平台和科技创新平台。完善渔业科技服务，依托虾蟹、藻类、刺参实验站开展科研攻关工作。

此外，日照市把海洋经济增长率和重点任务的落实情况纳入全市经济社会发展综合考核体系，做好海洋经济运行监测分析工作，完善涉海企业直接报告制度，不断提高服务高质量发展能力。

二、日照市"十四五"海洋经济发展思路①

坚持陆海统筹，在推动港产城融合发展、提升经略海洋水平上实现新突破。发挥海洋、港口、区位和环境优势，更加注重经略海洋，加强海洋资源开发与保护，大力发展海洋经济，厚植高质量发展蓝色优势。要加快建设现代化港口，推动港产城融合发展，大力发展现代海洋产业，打造阳光海岸蓝色生态。

---

① 奋进"十四五"，日照将这样发展！http：//www. lhwww. cn/art/2020/12/24/art_ 472_ 3370507. html，最后访问日期：2021 年 7 月 18日。

第七节　滨州市海洋经济发展概况①

一、2019 年滨州市海洋经济发展概况

2019 年，滨州市海洋发展和渔业系统紧紧围绕"富强滨州"建设，全力推动海洋和渔业发展迈上新台阶。

（一）双招双引成效显著

滨州市海洋发展和渔业部门组建成立水产产业招商专班，围绕虾、贝、虫、藻四大优势品种，制作产业链条延伸图、高附加值产品图和国内外龙头企业分布图，路演活动得到市领导和社会各界一致好评。组织举办主题招商活动 8 次，达成招引合作项目 8 个，落地开工项目 3 个，到位市外资金 7.2 亿元。

滨州市委海洋发展委员会正式组建，市、县海洋发展机构健全完善，人员配备到位。通过召开市委海洋发展委员会第一次全体会议，审议通过了工作规则和实施细则，明确年度工作要点。组织成立海洋渔业、海洋战略新兴产业等 5 个海洋产业发展专班，编制总投资 757 亿元的海洋发展重点项目库。另外，圆满完成了海洋强省政策落实审计和专项督查，并与发展改革部门联合，认定省级海洋工程

---

① 张康：滨州市海洋发展和渔业局：2020 年力争实现海洋经济总产值 850 亿元，http：//binzhou. dzwww. com/bzhxw/202005/t20200528_5975079. htm，最后访问日期：2020 年 10 月 18 日。

技术协同创新中心 3 处，申报省级海洋特色产业园区 2 处。

（二）渔业发展提质增效

正海集团投资 1 500 万元的海洋牧场自升式服务平台建成启用，投资 2 亿元投放牡蛎礁 1 万亩、吊养牡蛎 2 万亩，实现了近海养殖的历史性突破。"渤海水产大宗商品交易平台"建成运营，实现了介于现货与期货之间的水产品大宗商品网上交易，注册用户 858 人，实现交易额 1.4 亿元，逐步改变了传统的水产品"塘边议价"销售模式。惠民县山佳渔美线上年销售额 30 万元，成为淘宝网水产养殖用品销售知名网店。友发公司对虾工厂化循环水高位池养殖试验取得成功，亩产由过去的几十千克大幅提升到 1 500 kg。

经过多年探索总结，内陆凡纳滨对虾"135"分级接续二茬养殖技术渐趋成熟，亩产提高近 30%，被山东省农业农村厅和山东省科技厅确立为 2020 年全省 7 项渔业主推技术之一。在苗种质量提升、养殖技术改进、标准化池塘改造等因素的共同作用下，在遭遇罕见的大旱大涝之年，滨州市仍实现凡纳滨对虾产量 11×10^4 t，占山东省总产量的 60%，稳居山东省第一。此外，北海的海马养殖、滨城的稻田养虾、阳信的冷水鱼养殖、邹平的小龙虾养殖等，一系列新品种、新技术引进试验，均取得了良好成效。

在沾化科勒海对虾工厂化育苗车间、无棣新创海洋牧场贝类工厂化育苗车间、北海岔尖渔港建成启用等一系列渔业项目的示范带动下，2019 年滨州市改造标准化池塘 3.2 万亩，新建工厂化养殖车间 7×10^4 m²，繁育优质对虾苗种 320 亿尾，滨州对虾"南苗北育"的知名度进一步提升，

"虾、贝、虫、藻"特色渔业经济模式进一步巩固，渔业高质量发展的基础进一步夯实。

同时，滨州市海洋发展和渔业部门继续深入落实"品牌之策"，全力打造滨州特色水产品牌。召开了"滨州对虾"地理标志证明商标启用新闻发布会，并积极组织渔业企业参加海博会、渔博会、洽谈会等活动。博兴县、高新区被中国渔业协会评为"中国白对虾生态养殖第一县""黄河鲤孝文化之乡"。渤海水产天然盐田牧场荣获全球水产标杆 ASC 认证，生产的盐田虾大量销往日本市场，滨州水产品牌的社会影响力进一步提升。

（三）民生保障力度不减

滨州市海洋发展和渔业部门不断推进国家海洋减灾先导区建设，在全国率先开展风暴潮灾害和设施渔业风险预警上线运行，在山东省率先开展海洋生态预警和风险预警。不断加快围填海历史遗留问题处置，滨州市 112 项问题处置方案经市政府审核同意，并上报备案，工作进度居全省前列。

通过制定出台《滨州市关于加强滨海湿地保护严格管控围填海的落实方案》，扎实推进督察反馈问题整改，频繁开展海监联合执法巡查，持续加强海域动态监管，全年全市新增违法围填海案件零发生。建立了市、县、企业三级水产品质量可追溯管理体系，完成水产品快速检测 540 批次，全部完成线上录入。完成省级风险监测、捕捞水产品风险监测、贝类划型风险监测等各类抽检合计 487 个批次，水产品监督抽查合格率连续 5 年保持 100%。通过开展"亮剑""清网"等专项执法行动 20 余次,保障了休渔和禁渔秩序稳定。

同时,配合滨州市人大完成了《滨州市海岸带生态保护与利用条例》的调研、起草、修订、发布工作。市、县两级《养殖水域滩涂规划》全部经政府批复实施,科学划定了禁养区、限养区和养殖区。另外,投入专项资金 1 870 万元,实施海洋渔业增殖放流和城市水系"放鱼养水"项目;无棣河口滨海湿地整治修复和北海岸线岸滩整治修复两个渤海综合治理攻坚战生态修复项目,获自然资源部批复立项,拟修复岸线 12 km、滨海湿地 310 hm^2。

(四) 促进滨州市海洋和渔业高质量发展

2019 年,滨州市海洋发展和渔业部门勇于担当,开拓创新,真抓实干,全市实现水产品产量 48.2×10^4 t,渔业经济总产值 171 亿元,海洋生产总值 294 亿元,海洋经济总产值突破了 770 亿元,同比分别增长 1.5%、9.6%、7.9% 和 10.6%。渔民家庭人均纯收入达到 2.3 万元,渔业安全生产责任事故零发生。

2020 年,是"十三五"规划收官之年,是全面建成小康社会和脱贫攻坚决胜之年,也是省、市"重点工作攻坚"年。滨州市海洋发展和渔业部门紧紧围绕"富强滨州",着力服务海洋经济发展、推进渔业提质增效、提升海洋综合治理能力、保障海区渔区和谐稳定、加强系统自身建设,全面推动滨州市海洋和渔业高质量发展。

二、2021 年滨州市海洋产业发展思路①

2021 年，滨州市强化产业发展，抓实攻坚突破根本。抓项目强龙头。发挥龙头企业拉动聚集作用，推进鲁北碧水源海水淡化、渤海水产工厂化养殖等总投资 15 亿元的 12 个重点项目建设，打造"海水淡化+海洋化工"循环经济和"风电光伏+养殖旅游"融合发展模式。抓优势求突破。变种质资源优势为种业发展优势，建设对虾遗传育种研究中心、贝类苗种繁育中心。推进正海"渤海贝仓"建设，争创国家级海洋牧场。扶持悦翔 DHA 生产项目，实现海洋生物医药产业突破。抓招商补链条。瞄准产业链条中上端，突出种业、食品加工、冷链物流，发挥大企业大集团作用，年内滨州市涉海产业到位资金 10 亿元以上。抓品牌提价值。组建盐田虾产业联盟，申报"博兴黄河鲈鱼"国家地理标志产品，新增"三品一标"水产品 5 个，总数达 166 个。高水平组办对虾节、中国环渤海水产展览会，打响滨州水产品牌。

---

① 滨州市海洋发展和渔业局：推进 14 个主要海洋产业发展壮大海洋经济增速进入全省第一方阵，https://new.qq.com/omn/20210520/20210520A03LWN00.html，最后访问日期：2021 年 7 月 15 日。

第四章 山东省海洋科技与政策

第一节 山东省海洋科技发展现状

一、海洋科技平台建设现状

面向世界，依托创新平台吸引集聚项目和人才。青岛海洋科学与技术试点国家实验室、中国科学院海洋大科学研究中心、中国工程科技发展战略山东研究院等重大创新平台进展顺利。超级计算机升级项目已在青岛海洋科学与技术试点国家实验室落户。汇集了来自全国 7 个单位的 24 艘科考船和 564 套船载设备，建成深远海科考共享平台。设立国家自然科学基金委—山东省联合基金，旨在支持海洋领域的基础研究，吸引山东省内外涉海机构参与科研活动；依托中国科学院海洋研究所、青岛国家海洋科学研究中心启动建设"山东省海洋科技成果转移转化中心"创新创业共同体，进一步畅通"政产学研金服用"创新价值链。到目前为止，全国近一半海洋科技人才、全国三分之一海洋领域院士聚集山东。全省拥有省级以上海洋科研教学机构 55 所；省级以上海洋科技平台 236 个，其中国家级 46 个；省级以上企业技术中心中涉及海洋产业领域的近 30

家，海洋科技实力走在全国前列。①

二、海洋人才培养现状

近年来，山东省先后新增了两个涉海领域博士后科研流动站、7 个博士后科研站和 9 家省博士后创新实践基地，为海洋人才的聚集提供了平台支持。实施完成"海洋强省"领域国家级、省级高级研修项目 22 项，培养了 1 440 名高层次、急需紧缺和骨干专业技术人才，培训专业技术人才6.3 万人。中国船舶集团有限公司第 725 研究所海洋新材料研究院、中国船舶集团有限公司第 702 研究所青岛深海装备试验基地、天津大学海洋工程研究院、哈尔滨工程大学船舶科技园等科研机构落户山东省。实施了泰山学者、泰山产业领军人才、"外专双百计划"等重大引才引智工程，面向全球开展了海洋高层次人才引进活动，搭建了高水平有特色国际交流合作平台。青岛市聚集了全国 30% 的涉海院士、40% 的高端涉海研发平台和 50% 的海洋领域国际领跑技术。②

三、海洋科技成果

山东省实施了一批重大科研项目，成立了国家自然科

---

① 山东托起我国海洋科技半壁江山 高端项目为海洋产业升级提供支撑，http://news.cnr.cn/native/city/20200909/t20200909_ 525247413. shtml，最后访问日期：2020 年 10 月 28 日。

② 全国近一半的海洋科技人才集聚在山东，https://sd.ifeng.com/a/20200908/14473863_ 0.shtml，最后访问日期：2020 年10 月 28 日。

学基金委—山东省联合基金，支持海洋领域的基础研究，吸引省内外涉海机构参与科研活动。2019 年，共获准 10 个"蓝色粮仓科技创新"重点项目，约占全国全部立项项目的 42%。主导并参与完成了 37 项国家科技奖项，占全国总数的 54%，托起了我国海洋科技的"半壁江山"。"蛟龙"号载人潜水器研发与应用项目团队荣获 2018 年度国家科学技术进步一等奖。①

第二节　山东省海洋政策现状

一、海洋强省建设政策②

2018 年山东省提出，到 2035 年基本建成与海洋强国战略相适应，海洋经济发达的海洋强省。

鉴于海洋科技对海洋经济发展的创新引领作用，对于实施的"行动重点"，主要采取了以下措施重点予以推进。①加大对重大创新平台的支持力度；②启动了重大科技创新工程；③突出企业在创新中的主体地位；④畅通科技成果转化渠道；⑤激发海洋人才的活力。

---

① 全国近一半的海洋科技人才集聚在山东，https://sd. ifeng. com/a/20200908/14473863_ 0. shtml，最后访问日期：2020 年 10 月 28 日。

② 山东建设海洋强省：五大政策向科技要生产力，http://news. eastday. com/eastday/13news/auto/news/china/20180517/u7ai7719426. html，最后访问日期：2020 年 10 月 28 日。

二、出台《关于支持八大发展战略的财政政策》

2020 年 10 月，山东省人民政府发布《山东省人民政府印发关于支持八大发展战略的财政政策的通知》（鲁政字〔2020〕221 号）。①《关于支持八大发展战略的财政政策》（以下简称《财政政策》）以八大发展战略为主线，提出 8 个方面 26 条政策措施，主要包括以下内容。②

（1）支持推进新旧动能转换重大工程。新旧动能转换是引领山东省高质量发展的重大工程和总抓手。《财政政策》的首要任务是落实新旧动能转换的"三个坚决"要求，加大科技创新支持力度，促进产业转型升级。其中，为支持淘汰落后产能，设立了专项奖补资金，引导钢铁、炼化等行业淘汰落后产能和过剩产能，促进危化品企业搬迁改造。围绕支持改造提升传统动能，推动开展能耗等指标收储交易，支持山东省重大产能布局调整项目；整合资金实施高水平技术改造，重点支持"零增地"和智能化技改项目。围绕支持发展新动能，运用税收优惠、股权投资、政府采购首购等政策手段，支持打造工业互联网基地，促进自主创新产品的推广应用。此外，为强化科技和人才对八大发展战略的支撑，《财政政策》提出整合省级科技资金，

① 山东省人民政府印发关于支持八大发展战略的财政政策的通知，http://www.jiqitong.cn/ZiXun/XwDetail/3af61779c5c04382 aecdbe-ae44a8fea9，最后访问日期：2020 年 10 月 28 日。

② 张伟、王楚齐：权威发布 | 八方面 26 条政策措施！山东出台支持八大发展战略财政政策，http://news.iqilu.com/shandong/yaowen/2020/1028/4684148.shtml，最后访问日期：2020 年 10 月 28 日。

支持重大科技创新和创新平台建设；聚焦产业需求，完善人才奖补政策，推动"人才兴鲁"。

（2）支持打造乡村振兴齐鲁样板。乡村振兴关系"三农"根本，是山东农业大省的政治责任。《财政政策》注重从供需两端发力。一方面，拓宽乡村振兴筹资渠道，解决"钱从哪里来"的问题，提出要健全涉农资金整合长效机制，"握指成拳"提高涉农资金规模效益；研究土地出让收入优先支持乡村振兴政策，逐步提高用于农业农村的比例；完善农业信贷担保体系，破解涉农主体融资难题。另一方面，聚焦推动农业高质量发展，解决"钱往哪里投"的问题。重点是支持深化农业供给侧结构性改革，将高标准农田建设纳入涉农资金整合的约束任务，支持粮食稳产增产；健全多层次农业保险保障体系，提高农业抗风险能力；支持发展现代农业产业园和优势特色产业集群，推动农村一、二、三产业融合发展。

（3）支持海洋强省建设。山东发展的最大优势和潜力在海洋。《财政政策》聚焦山东海洋科技和产业优势，进一步创新支出方式、加大支持力度。①在强化投入保障上下功夫。统筹运用专项债券、基建投资、引导基金等多方面资金，推动海洋基础设施建设，支持发展现代海洋产业。②在海洋科技创新上下功夫。强化重大海洋科技创新财政支持政策，实行省市经费投入联动机制，重点支持创建青岛海洋科学与技术试点国家实验室，争取国家海洋科技重大专项和重大科学装置落户山东，巩固海洋科技领先优势。③在成果转化应用上下功夫。建立海洋科技成果产业化应用激励机制，采取科研资助、股权投资、首台（套）保费补贴等方式，支持突破"卡脖子"关键技术研发和海洋科技成果转化。

（4）支持打赢三大攻坚战。一是支持巩固脱贫攻坚成果。推进全面脱贫与乡村振兴有效衔接，强化财政保障性扶贫政策，建立解决相对贫困的长效机制。二是支持打赢污染防治攻坚战。完善生态文明建设财政奖补机制，对大气、地表水、海洋和重点区域给予生态补偿；加大黄河流域生态保护力度，支持东平湖、黄河三角洲湿地、南四湖等生态治理。三是防范化解政府性债务风险。完善政府举债融资机制，分类推进政府融资平台市场化转型，严守政府债务风险底线。

（5）支持打造对外开放新高地。对外开放是在更大范围内配置资源、在更大空间转换动能的重要举措。这次出台的《财政政策》，围绕构建"双循环"发展新格局，立足山东开放发展的基础和优势，进一步优化财税政策供给。一是支持稳定外贸外资基本盘。建立支持外资外贸的财税政策，增强"双招双引"竞争力；完善财政奖补政策，促进外贸外资高质量发展。二是支持建设高能级开放平台。以山东新旧动能转换综合试验区、自贸试验区、上合示范区为依托，推广复制财税制度创新成果，强化国家战略平台驱动力；完善开发区财税支持政策，鼓励企业建设境外经贸合作区，形成新的开放平台和增长动力。三是支持畅通国际互联互通大通道。完善欧亚班列和国际航线支持政策，畅通进出口货物流通，打造开放竞争新优势。

（6）支持区域协调发展。区域协调是高质量发展的内在要求。《财政政策》围绕省委、省政府确定的"一群两心三圈"区域发展战略，强化财税政策支持，促进区域一体化发展。一是支持实施重点区域发展战略。对接融入黄河流域重大国家战略，建立以省级引导、市县为主的财政投入激励机制，引导更多金融和社会资本投向"一群两心三圈"建设发展。二是支持县域经济加快发展。启动基层财政"强基固本"攻坚行动，实施工业强县财政激励政策，提升县域经济发展水平。三是推进区域基本公共服务均等化。深化民生领域财政事权和支出责任划分改革，完善省对下转移支付制度体系，增强市县基本公共服务保障能力。

（7）支持重大基础设施建设。基础设施是高质量发展的重要支撑。《财政政策》针对基础设施建设周期长、资金投入大的实际情况，注重发挥财政资金引导作用，创新多元化筹资模式，吸引社会资金加大投入力度。一是支持交通基础设施建设。加快铁路发展基金和民航机场发展基金运作，推行"铁路项目+土地综合开发+铁路运营分红"建设运营模式，增强交通建设项目筹资能力。二是支持水利基础设施建设。创新实施"财政补助+政府债券+水费收入+N"筹资模式，支持引黄灌区农业节水工程等一系列重点水利工程建设。三是支持新型基础设施建设。通过政府引导基金、财政资金股权投资等方式，支持5G商用、特高压、物联网等新基建项目。

（8）构建有利于高质量发展的财税体制机制。财税体制是调节政府、企业、社会间利益分配关系的基础性制度，对引导地方经济发展具有"风向标"作用。《财政政策》坚持深化"放管服"改革，创新财税体制机制，形成鲜明的高质量发展导向。一是强化体制激励。深化财政转移支付制度改革，在继续发挥转移支付保基本、促均衡功能的同时，整合设立高质量发展奖励资金，调动市县和企业发展的积极性。二是强化税收调节。结合"亩产效益"改革，开展城镇土地使用税差别化改革试点，对"亩产效益"高的企业降低适用税额，促进企业提质增效。三是强化财金联动。整合设立中小微企业贷款增信分险资金，推进财政资金股权投资改革，加快构建全省政府性融资担保体系，缓解企业融资难融资贵问题。四是强化提质增效。全面加强预算绩效管理，推行"零基预算"改革，突出绩效导向，加大财政支出结构调整力度，集中资金支持八大发展战略。五是强化"放管服"改革。加快政府采购、会计审批、纳税服务等财税业务流程再造，建立健全降本减负长效机制，支持打造良好营商环境。

第五章　海洋科技与海洋经济融合发展

第一节　加快海洋科技体制机制的创新

海洋科技发展是实施创新驱动发展战略、建设创新型国家的重要内容。21世纪是海洋经济时代，随着陆地资源日益趋紧，海洋将成为巨大的宝库，而海洋科技持续创新是保护海洋、利用海洋、开发海洋的客观要求和必然选择。海洋开发投资大、风险高、周期长，着力推进海洋经济可持续发展，需要发挥海洋科技创新平台的支撑作用。需要充分发挥海洋科技优势，加快海洋新技术和新产品的研发，占领海洋科技创新领域的高点，打造海洋科研高地。

科技体制机制创新主要包括科技投入机制和管理体制。加快建立以财政投入为引导、企业投入为主体、金融市场为支撑的多元化投资体系。探索更加方便和简约的科研管理方式，赋予科研院所和高校更大科研自主权，赋予创新团队和领军人才更大的人力、财力和物力支配权利等，不断创新科技产学研的发展模式。

一、优化科技创新投入机制

深化科技与金融的融合，建立政府引导下的多元化投融资机制，促进全社会资金更多投向科技创新。转变财政科技资金投入方向和方式，综合采用"拨、投、贷、补、奖、买"等方式支持科技创新，建立财政科技投入与社会资金搭配机制，撬动各类社会资本共同支持科技创新，① 放大财政资金效益，实现从"小投入"到"大投入"的转变。例如，青岛市发挥财政资金的杠杆放大作用，逐渐形成了"智库基金—成果转化基金—专利运营投资基金—孵化器种子基金—天使投资基金—产业投资基金"的科技股权投融资链条，几乎覆盖了创新创业的全过程。②

推行科技行政管理工作与科技事务工作政事分离改革，事务性工作可采用"政府购买服务"的形式完成。

运用财政补助机制激励引导企业普遍建立研发准备金制度，对已建立研发准备金制度的企业，根据经核实的企业研发投入情况，由财政实行普惠性财政补助，引导企业有计划、持续地增加研发投入。加大技术创新投入在国有企业经营业绩考核中的比重，把创新驱动发展成效纳入对领导干部的考核范围。

二、优化科技创新管理机制

推进重大任务研发管理。对支撑国家重大战略需求的

---

① 市科技局扎实推进财政科技资金投入改革，http：//www. qingdao. gov. cn/n172/n24624151/n24625555/n24625569/n24625597/150318092234127805. html，最后访问日期：2021 年 6 月 12 日。

② 陈邵华：财政资金效益放大 18 倍 青岛模式闻名全国，http：//news. bandao. cn/news ＿ html/201710/20171012/news ＿ 20171012 2770959. shtml，最后访问日期：2021 年 6 月 12 日。

任务，实行"揭榜挂帅""军令状""里程碑式考核"等管理方式；对支撑经济社会发展的任务，与部门、地方共同组织实施，探索完善"悬赏制""赛马制"等任务管理方式；对科技创新前沿探索的任务，在竞争择优的基础上鼓励自由探索。① 建立重大科技任务应急反应机制。加强突发性的海洋灾害、赤潮、绿潮等方面的应急科研能力建设，明确应急管理责任。

三、完善科技创新体系

习近平总书记在党的十九大报告中明确提出，"深化科技体制改革，建立以企业为主体、市场为导向、产学研深度融合的技术创新体系，加强对中小企业创新的支持，促进科技成果转化。倡导创新文化，强化知识产权创造、保护和运用。培养造就一大批具有国际水平的战略科技人才、科技领军人才、青年科技人才和高水平创新团队。"② 开发海洋资源，培育壮大海洋战略性新兴产业，保护海洋生态环境，离不开海洋科技创新。要深入贯彻落实习近平总书记关于科技体制改革和经略海洋的重要指示精神，坚持科技兴海、发挥海洋各类创新平台带动作用，从海洋科技研

---

① 科技部部长王志刚：完善科技创新体制机制，https：//baijiahao. baidu. com/s？id = 1686652326972596256&wfr = spider&for = pc，最后访问日期：2021 年 6 月 12 日。

② 习近平：决胜全面建成小康社会 夺取新时代中国特色社会主义伟大胜利——在中国共产党第十九次全国代表大会上的报告，http：//www. gov. cn/zhuanti/2017-10/27/content_ 5234876. htm，最后访问日期：2021 年 6 月 12 日。

发到孵化、产业化全链条一体化服务，在海洋领域突破一批核心技术，增强海洋创新链，提升海洋价值链。

第二节　培养海洋科技人才

习近平总书记指出，"当今世界正经历百年未有之大变局"①。站在历史与未来的交汇点上，海洋将成为决定我国经济实力和政治地位的极其重要的因素。在海洋竞争中，谁拥有一流的海洋科技人才，谁就能在全球的海洋竞争中处于领先的地位。② 因此，我们经略海洋，加快建设海洋强国，也必须依靠一大批一流的海洋科技人才。海洋科技人才的培养刻不容缓。

一、加大教育投入

培养海洋科技人才，离不开海洋教育。尽管在海洋人才培养方面取得了一定成绩，但远未能满足海洋强国建设研究与开发的需求。主要表现在人才培养能力不强、高层次人才数量偏少等方面。为此要下大气力培养海洋科技人才。要制定有特色、有个性的人才培养方案，"海洋科学具有很强的综合性，本科教育应该注重培养综合型人才，在让学生获得较扎实的专业基础及专业技能的同时，也要向

---

① 习近平谈世界百年未有大变局中的三个"没有变"，http：//www.xinhuanet.com/2019 - 10/25/c_ 1125153621.htm，最后访问日期：2021 年 7 月 31 日。

② 刘婷、许斗斗：关于厦门海洋科技人才建设的思考，《科技管理》2015 年第 4 期。

着全面发展的方向前进。"① 因此，要加大教育投入，设立各类海洋教学机构，开设相关课程，大力培养海洋科技人才。

随着海洋科技的飞速发展，对于海洋科技人员来说，其知识更新速度也必须加快。因此，要注重海洋科技人员的在职培训，不断提高在职海洋科技人员知识水平，使之熟悉了解海洋科学技术的前沿领域，跟上海洋科技更新的步伐。同时，还要围绕海洋单位的人才梯队建设、学科发展、科技研发和行业服务等方面，通过多种方式开展强强联合，通过联合，形成具有强大科研实力的科研团队，通过团队建设实现人才培养。

二、做好海洋科技人才培养和使用的顶层设计

（1）做好海洋科技人才培养和使用的顶层设计。在沿海各地制定教育和科技发展"十四五"及长期发展规划时，要把海洋科技人才的培养纳入其中。

（2）制定海洋科技人才培养和使用的优惠政策。要为海洋科技人才创造较好的事业发展环境、个人上升空间，让海洋科技人才英雄有用武之地，极大地发挥他们的主观能动性和创造力。要"拓宽用人渠道，打破论资排辈的传统，能够不拘一格地选拔人才"。②除此之外，还应制定较好的待遇政策，让海洋科技人员工作舒心、生活放心。"如

---

① 赵超、杨成凤、刘斌：立足福建发展 培养海洋科技人才——以福建农林大学为例，《安徽农学通报》2017年第19期。

② 刘婷、许斗斗：关于厦门海洋科技人才建设的思考，《科技管理》2015年第4期。

今，我国存在大量海洋科技人才外流或留而不归的现象，这主要是源于工资待遇和生活环境方面的考虑"，① 这种状况一定要得到改变，让海洋科技人才的智力劳动与物质回报相吻合，激发海洋科技人才的工作积极性，让他们无后顾之忧、心情愉悦地为海洋强国建设贡献自己的聪明才智。

（3）制定有效的海洋科技人才法律法规。对于人才引进、人才使用、人才晋级等政策以完善和健全的法律法规来保障其公平、公正的实施。

第三节　海洋科技与海洋经济融合发展

一、海洋科技促进海洋经济发展的着力点

2020 年全国海洋生产总值 80 010 亿元，占沿海地区生产总值的比重为 14.9%。其中，海洋第一产业增加值 3 896 亿元，第二产业增加值 26 741 亿元，第三产业增加值 49 373 亿元，分别占海洋生产总值的 4.9%、33.4% 和 61.7%，与上年相比，第一产业、第二产业比重有所增加，第三产业比重有所下降。2020 年，中国主要海洋产业稳步恢复，全年增加值 29 641 亿元。除滨海旅游业和海洋盐业外，其他海洋产业均实现正增长，展现了海洋经济发展的

---

① 刘婷、许斗斗：关于厦门海洋科技人才建设的思考，《科技管理》2015 年第 4 期。

韧性和活力。① 主要海洋产业发展情况见表 5-1。

表 5-1　2020 年主要海洋产业发展情况

产业名称	增加值/亿元	比上年增长（下降者已注明）/%
海洋渔业	4 712	3.1
海洋油气业	1 494	7.2
海洋矿业	190	0.9
海洋盐业	33	下降 7.2
海洋化工业	532	8.5
海洋生物医药业	451	8.0
海洋电力业	237	16.2
海水利用业	19	3.3
海洋船舶工业	1 147	0.9
海洋工程建筑业	1 190	1.5
海洋交通运输业	5 711	2.2
滨海旅游业	13 924	下降 24.5

资料来源：《2020 年中国海洋经济统计公报》，http：//search. mnr. gov. cn/ax-is2/download/P020210331560946177148. pdf，最后访问日期：2021 年 4 月 2 日。

从山东省来看，"十三五"以来，山东坚持海陆统筹，科学推进海洋资源开发，加快构建完善的现代海洋产业体系，海洋经济综合实力显著增强。截至 2019 年底，山东省

---

① 2020 年中国海洋经济统计公报，http：//search. mnr. gov. cn/axis2/download/P020210331560946177148. pdf，最后访问日期：2021 年 4 月 2 日。

海洋渔业、海洋生物医药、海洋盐业、海洋电力、海洋运输五大产业规模均居全国首位。拥有国家级海洋牧场示范区（项目）44 处，占全国的 40%，居全国首位。①

"十三五"以来，山东省完善沿海港口基础设施，形成了以青岛、烟台、日照为主要港口，以威海、潍坊、东营、滨州等地区性重要港口为补充的沿海港口群发展格局。与世界 180 多个国家和地区的 700 多个港口实现通航，综合实力位居沿海省（自治区、直辖市）前列。山东省加快发展高端海洋装备制造业，初步建成船舶维修建设、海洋重工和海上石油装备制造三大海洋制造业基地。着力在关键技术上取得突破，主攻海洋装备核心国产化，支持"梦想"号大洋钻探船等大国重器建设。"蛟龙""向阳红 01""科学"以及"海龙""潜龙"等一批具有自主知识产权的深远海装备投入使用，有效拓展了海洋开发的广度和深度。实施第七代超深水钻井平台等关键装备制造工程，中集来福士自主设计建造超深水半潜式钻井平台——"蓝鲸 1 号""蓝鲸 2 号"，成功承担了我国南海可燃冰试采任务。正大海尔制药是国内唯一的国家级海洋药物中试基地；烟台东诚药业成为全球最大的硫酸软骨素原料生产企业，国内唯一的注射剂硫酸软骨素供应商。② 海洋生物医药产业是我国最具潜力的战略性新兴产业之一，其复合增速是海洋生产总值增速的 2 倍。山东着力建设"蓝色药库"，海洋生物医

① 省政府新闻办发布"十三五"时期山东海洋经济（海洋产业）发展成就，https：//baijiahao. baidu. com/s？id＝16847921478 76077544&wfr＝spider&for＝pc，最后访问日期：2021 年 6 月 21 日。

② 同①。

药产业产值超过 200 亿元，约占全国的一半，海藻酸盐产能全球第一。①

尽管海洋经济发展现在呈现较好态势，但是从高质量发展的角度来看，一些海洋高新技术产业增加值较低，例如海洋生物医药业、海水利用业等。海洋产业转型升级在科技支撑方面还面临很多发展难题，"一是海洋产业的关键核心技术仍然受制于人，源头供给不足，转化效率不高，协同创新不够紧密；二是海洋公益服务技术支撑能力不足，海洋关键技术装备自给率较低，海洋生态环境保护与修复技术体系不完善，实施基于生态系统的海洋综合管理的技术途径和方法相对较少；三是以企业作为主体的海洋技术创新体系尚未形成，基地、园区和创新平台的服务带动能力还较为薄弱，创新生态环境有待进一步完善"。② 因此，亟待提升海洋产业的科技含量，做好海洋科技与海洋产业融合发展。建设海洋强国，科技创新是关键，也是重要保障。

二、海洋科技与海洋经济融合发展的措施

为了加快海洋科技发展，促进海洋产业转型升级和高

---

① 张建东："十三五"期间 山东海藻酸盐产能全球第一，https：//baijiahao. baidu. com/s？id = 1684855871819251193&wfr = spider&for = pc，最后访问日期：2021 年 6 月 22 日。

② 国家海洋局 科学技术部关于印发《全国科技兴海规划（2016—2020 年）》的通知（国海发〔2016〕24 号），http：//www. sdmu. com. cn/zixunpingtai/zhengcefagui/20170809/4443. html，最后访问日期：2021 年 6 月 21 日。

质量发展，应该采取以下措施。

（一）推动海洋高科技产业技术自主创新①

在海洋船舶产业方面要突破高性能发动机等核心关键技术和重点装备，提高装备的适用性、可靠性和稳定性，实现产品和技术的集成化、智能化、模块化。推进深水勘探、钻探、生产、储运技术发展，在深水锚泊、动力定位、单点系泊、水下生产、深水管道和立管等关键技术上取得突破。推进大型高端工程装备在南海业务化运行试验。孵化一批具有国际影响力的自主产品品牌，增强工程总包的技术支撑能力，构建向价值链中高端迈进的创新链条。打造新型海洋生物医药和功能性食品。加快海洋天然药物和中药的开发和二次开发，以及新型海洋医用材料和高灵敏度、高特异性诊断试剂的研发，加大功效确切的海洋新资源、特殊医学用途和保健养生等功能性食品的开发应用，提高产业链资源配置能力，促进从初级低端资源产品向高质化和综合利用的转变，推动产业标准体系与国际接轨，获得一批国家新药、医疗器械和保健食品等相关批件及证书。整合优化海洋药源生物种质、基因和天然化合物等资源库建设，发展产业亟须的海洋药物筛选评价、海洋医药制备和制剂工艺技术等支撑平台。加快海洋微生物高通量原位培养新技术的应用，推动发现新的功能微生物，为海

---

① 国家海洋局 科学技术部关于印发《全国科技兴海规划（2016-2020年）》的通知（国海发〔2016〕24号），http：//www.sdmu.com.cn/zixunpingtai/zhengcefagui/20170809/4443.html，最后访问日期：2021年6月2日。

洋生物医药和功能性食品开发提供持续的资源保障。广泛推广海水直接利用。突破高浓缩海水循环冷却水处理、高效海水冷却塔、基于正渗透补水技术的海水循环冷却水处理等关键技术。推进现有企业海水循环冷却替代海水直流冷却试点示范，在滨海新建企业推广应用海水循环冷却技术。在沿海城市和海岛新建居民住宅区，推广海水作为大生活用水。扩大海洋能源技术的应用领域。开展适于海洋观测仪器的小型化、模块化海洋能发电装置研制，开发深海网箱养殖、海洋牧场建设等定制化海洋能发电系统，研发适合极地极端环境的海洋能供电系统，集成开发适应于特殊资源环境的波浪能供电以及温差能发电、制冷、制淡等综合利用系统。

（二）加强国际合作

打造全球化格局，搭建全方位、多层次、立体化的创新网络布局，就是要凝聚起强大、持久的海洋科技创新力量。2018 年 7 月，来自 24 个国家、118 家海洋科研机构及大学的世界顶尖学者在青岛海洋科学与技术试点国家实验室召开"2018 年全球海洋院所领导人会议"，加强技术与经验分享。① 在会上，青岛海洋科学与技术试点国家实验室主任委员会主任、中国科学院院士吴立新提出海洋科学与技术试点国家实验室将与全球海洋科研机构、大学、国际组织一道，落实 2030 年联合国可持续发展议程，响应 2017

① 放大优势，将海洋科技城打造成海洋产业城，http://www.qingdao.gov.cn/n172/n1530/n32936/180729082829160642.html，最后访问日期：2021 年 6 月 2 日。

年联合国海洋大会呼吁，共同构建全球共享的协同创新网络，促进知识共享和经验共享，大力推进和平之海、合作之海、和谐之海建设，共谋促进世界海洋和谐发展，为人类命运共同体建设作出贡献。澳大利亚联邦科学与工业研究组织海洋与大气所副所长安德烈亚斯·席勒认为，澳大利亚联邦科学和工业研究组织海洋和大气研究计划是澳大利亚最大的海洋和大气联合研究项目，旨在应对国家和国际重大挑战，提供海洋、大气和气候知识、产品和服务，目前正在将观测和模型结合起来，开发一个长达10年的预测系统，更好地应对气候变化和极端气候。科技部社会发展科技司副司长邓小明指出，按照科技部总体部署和要求，继续大力支持海洋试点国家实验室建设，帮助实验室继续凝练国家重大任务，通过国家相关计划、项目支持"透明海洋"等重大项目实施，根据国家相关政策和要求，加快推进国家实验室建设进程，共同为"认识海洋、经略海洋"提出方案，共同为人类社会可持续发展做出贡献。① 通过国际合作，在海洋产业、科技和人才、生态环保等方面取长补短，促进海洋产业竞争力的提升。

（三）培育企业技术中心

为有效激发企业创新活力，鼓励企业自主研发，促进企业转型升级，应大力培育企业技术中心，提高企业技术中心建设效能。沿海地区有关部门应引导企业技术中心的

---

① "2018年全球海洋院所领导人会议"观点集萃，http://env. people. com. cn/GB/n1/2018/0711/c1010－30139725. html，最后访问日期：2021年6月12日。

规范化建设和组织认定工作，建立国家和省级企业技术中心培育库，对拥有引进吸收与创新项目的企业给予资金支持。